JN040873

関根康明［著］

スーパー暗記法
合格マニュアル

2級電気工事施工管理技士

はじめに

2 級電気工事施工管理技士は，主任技術者になることができる，建設業法に基づく国家資格です．

この資格は，個人にとってだけでなく，会社にとっても技術力で評価され，電気工事の受注機会が増えるなどのメリットがあります．

2021 年度から試験制度が変わり，試験は「1 次検定」と「2 次検定」に分かれます．

1 次検定合格者に対して「2 級電気工事施工管理技士補」，2 次検定合格者に「2 級電気工事施工管理技士」の称号が与えられます．

必須問題は繰り返し，選択問題は得意分野の知識を深める学習が良いでしょう．

本書は 2 級電気工事施工管理技士試験の過去の出題傾向に基づき，平易な解説，独自の『Super 暗記法』により，効率的な学習ができるように編集されています．

本書により，2 級電気工事施工管理技士試験に合格されることを祈念いたします．

2022 年 8 月

著者しるす

本書は日本理工出版会から 2018 年に発行した「スーパー暗記法合格マニュアル　2 級電気工事施工管理技士」をオーム社から再発行するものです．再発行にあたり，試験制度の変更や出題傾向に合わせて内容の一部を変更しています．

目　次

■受験案内

■本書の利用法

【1次】：1次検定対策　　【2次】：2次検定対策

【1･2次】：1次･2次検定対策

第1章　電気工学等の基礎【1次】 …… 1

1･1　電気理論 …… 2

1･2　電気機器 …… 19

1･3　発変電設備 …… 34

1･4　送配電設備 …… 40

1･5　構内電気設備 …… 60

1･6　関連分野 …… 99

第2章　施工管理【1次】 …… 117

2･1　工事施工 …… 118

2･2　施工計画 …… 128

2･3　工程管理 …… 133

2･4　品質管理 …… 143

2･5　安全管理 …… 149

第3章　法　規【1次】 …… 159

3･1　建設業法 …… 160

3･2　労働安全衛生法 …… 165

3･3　電気関係法規 …… 168

3･4　建築基準法 …… 175

3･5　消防法 …… 177

3･6　その他の法規 …… 180

第 4 章　完全暗記 50 項目【1･2 次】 …… 187

第 5 章　施工経験記述【2 次】 …… 215

5･1　出題傾向と対策 …… 216

5･2　文章作成のポイント …… 221

5･3　合格答案 …… 225

第 6 章　施工管理の応用【2 次】 …… 233

6･1　電気工事と安全管理 …… 234

6･2　高圧受電設備 …… 240

6･3　工程表 …… 244

6･4　法　規 …… 248

受験案内

1. 資格の概要

2 級電気工事施工管理技術検定は，電気工事に従事する施工管理技術者の技術の向上を図ることを目的として，国土交通大臣が建設業法に基づいて行う検定制度である．

（実際の試験実務は，一般財団法人建設業振興基金が行う）

この検定は，第一次検定と第二次検定からなり，第一次検定に合格すると 2 級電気工事施工管理技士補，第二次検定に合格すると 2 級電気工事施工管理技士の国家資格を取得することができる．

令和 3 年度以降の試験では，制度改革があり，第一次検定合格者に対して，免状申請により，「2 級電気工事施工管理技士補」の国家資格が与えられる．

第一次検定合格は生涯有効な資格となり，受験要件を満たせば，いつでも第二次検定を受検することができ，免状申請により，「2 級電気工事施工管理技士」の国家資格が与えられる．受検にあたって有効期間や受検回数の制約はない．

なお，令和 6 年度以降，試験問題の見直しが行われる可能性がある．

2. 受検資格

① 第一次検定試験の受験資格

試験実施年度に満 17 歳以上となる者．

② 第二次検定試験の受験資格

概要は次の通り．詳細は，試験機関の HP 参照．

最終学歴または保有資格	実務経験年数	
	指定学科	指定学科以外
・大学 ・専門学校の高度専門士	卒業後1年以上	卒業後1年6ケ月以上
・短期大学 ・5年制高等専門学校 ・専門学校の専門士	卒業後2年以上	卒業後3年以上
・高等学校 ・専門学校の専門課程	卒業後3年以上	卒業後4年6ケ月以上
・その他（最終学歴問わず）	8年以上	
・第一種，第二種，第三種電気主任技術者免状の交付を受けた者	1年以上	
・第二種電気工事士免状の交付を受けた者	1年以上	
・第一種電気工事士免状の交付を受けた者	実務経験年数は問いません	

3. 試験日程

2級電気工事施工管理技士試験は，前期試験と後期試験が次の日程で行われる．

試験	前期試験	後期試験
第一次検定	6月	11月
第二次検定	実施しない	11月（第一次検定と同日）

4. 試験内容

(1) 第一次検定試験

検定科目	検定基準	知識能力	解答形式
電気工学等	1 電気工事の施工の管理を適確に行うために必要な電気工学，電気通信工学，土木工学，機械工学及び建築学に関する概略の知識を有すること. 2 電気工事の施工の管理を適確に行うために必要な発電設備，変電設備，送配電設備，構内電気設備等（以下，「電気設備」という.）に関する概略の知識を有すること. 3 電気工事の施工の管理を適確に行うために必要な設計図書を正確に読み取るための知識を有すること.	知識	四肢択一 (マークシート)
施工管理法	1 電気工事の施工の管理を適確に行うために必要な施工計画の作成方法及び工程管理，品質管理，安全管理等工事の施工の管理方法に関する基礎的な知識を有すること.	知識	四肢択一 (マークシート)
	2 電気工事の施工の管理を適確に行うために必要な基礎的な能力を有すること.	能力	五肢択一 (マークシート)
法規	建設工事の施工の管理を適確に行うために必要な法令に関する概略の知識を有すること.	知識	四肢択一 (マークシート)

※試験問題の文中に使用される漢字には，ふりがなが付記される.

(2) 第二次検定試験

検定科目	検定基準	知識能力	解答形式
施工管理法	1 主任技術者として，電気工事の施工の管理を適確に行うために必要な知識を有すること.	知識	四肢択一 (マークシート)
	2 主任技術者として，設計図書で要求される電気設備の性能を確保するために設計図書を正確に理解し，電気設備の施工図を適正に作成し，及び必要な機材の選定，配置等を適切に行うことができる応用能力を有すること.	能力	記述

※試験問題の文中に使用される漢字には，ふりがなが付記される.

(3) 出題内容と問題数

令和3年度試験以降の内容と問題数は以下のとおり.

● 第一次検定試験

<table>
<tr><th>試験科目</th><th colspan="2">分　野</th><th>問題数</th></tr>
<tr><td rowspan="15">電気工学等</td><td rowspan="4">電気工学
12問から
8問選択解答</td><td>電気理論</td><td>3問</td></tr>
<tr><td>電気機器</td><td>3問</td></tr>
<tr><td>電力系統</td><td>4問</td></tr>
<tr><td>電気応用</td><td>2問</td></tr>
<tr><td rowspan="6">電気設備
19問から
10問選択解答</td><td>発電設備</td><td>1問</td></tr>
<tr><td>変電設備</td><td>1問</td></tr>
<tr><td>送配電設備</td><td>6問</td></tr>
<tr><td>構内電気設備</td><td>9問</td></tr>
<tr><td>鉄道</td><td>1問</td></tr>
<tr><td>道路照明</td><td>1問</td></tr>
<tr><td rowspan="4">関連分野
6問から
3問選択解答</td><td>管</td><td>1問</td></tr>
<tr><td>土木</td><td>3問</td></tr>
<tr><td>建築</td><td>1問</td></tr>
<tr><td>鉄道</td><td>1問</td></tr>
<tr><td colspan="2">図記号等</td><td>1問　必須解答</td></tr>
<tr><td colspan="2" rowspan="5">施工管理法
10問から6問選択解答</td><td>工事施工</td><td>5問</td></tr>
<tr><td>施工計画</td><td>1問</td></tr>
<tr><td>工程管理</td><td>1問</td></tr>
<tr><td>品質管理</td><td>1問</td></tr>
<tr><td>安全管理</td><td>2問</td></tr>
<tr><td colspan="2">施工管理法(応用能力問題)</td><td>施工管理全般　五肢択一</td><td>4問　必須解答</td></tr>
<tr><td colspan="2" rowspan="10">法 規
12問から8問選択解答</td><td>建設業法</td><td>2問</td></tr>
<tr><td>労働安全衛生法</td><td>2問</td></tr>
<tr><td>労働基準法</td><td>1問</td></tr>
<tr><td>電気事業法</td><td>1問</td></tr>
<tr><td>電気用品安全法</td><td>1問</td></tr>
<tr><td>電気工事士法</td><td>1問</td></tr>
<tr><td>電気工事業の業務の適正化に関する法律</td><td>1問</td></tr>
<tr><td>建築基準法</td><td>1問</td></tr>
<tr><td>消防法</td><td>1問</td></tr>
<tr><td>その他</td><td>1問</td></tr>
</table>

※年度により,出題数等の変更の可能性はある.

● 第二次検定試験

【問題 1】施工経験記述

【問題 2】①施工管理上の留意事項

②高圧受変電設備

【問題 3】電気工事の用語

【問題 4】計算問題

【問題 5】法規問題

※上記は令和 3 年度の出題内容．年度により多少変わる可能性もある．

5. 合格基準

第一次検定及び第二次検定の別に応じて，次の基準以上の者を合格とするが，試験の実施状況等を踏まえ，変更する可能性がある．

① 第一次検定 得点が 60％以上

② 第二次検定 得点が 60％以上

6. 成績の通知

成績の通知は，第一次検定及び第二次検定の別に応じて以下のとおり行う．なお，通知する成績については，全体の結果のみを通知する．

① 第一次検定 ○○問 正解

② 第二次検定 【評定】

A：合格（合格基準以上）

B：得点が 40％以上合格基準未満

C：得点が 40％未満

※合格者については成績の通知は行わない．

※ 2 級後期試験は，第一次検定及び第二次検定を同日に実施のため，第一次検定の不合格者については，第二次検定の採点は行わない．

7. 案内

試験の日程，その他詳細については，国土交通大臣から指定を受けた試験実施機関である下記財団法人から，インターネット等で最新情報を入手のこと．

〒105-0001 東京都港区虎ノ門4-2-12　虎ノ門4丁目MTビル2号館
一般財団法人　建設業振興基金　試験研修本部
TEL 03（5473）1581
https://www.fcip-shiken.jp

本書の利用法

1. 平易な解説

過去の試験問題を精査し，出題傾向に即した重要事項をわかりやすく解説しました．

1次検定と2次検定の対策書として，電気工事の基本事項から応用能力までを養えるように構成されています．

2.『Super 暗記法』で覚えやすく

重要事項を『Super 暗記法』で覚えやすくしたほか，Point で説明しました．

Super ：おもしろく暗記できる方法

Point ：重要点

3. 学習効果を確認

各テーマごとに，過去に出題されたものを載せました．

第1章 電気工学等の基礎

●試験の要点

電気工学等における１次検定試験の出題傾向は表のとおり（令和３年度から）.

<table>
<tr><th rowspan="15">電気工学等</th><th colspan="2">分　野</th><th>出題数</th><th>計</th><th>解答数</th></tr>
<tr><td rowspan="4">電気工学</td><td>電気理論</td><td>3</td><td rowspan="4">12</td><td rowspan="4">8</td></tr>
<tr><td>電気機器</td><td>3</td></tr>
<tr><td>電力系統</td><td>4</td></tr>
<tr><td>電気応用</td><td>2</td></tr>
<tr><td rowspan="3">電気設備</td><td>構内電気設備</td><td>9</td><td rowspan="3">19</td><td rowspan="3">10</td></tr>
<tr><td>送配電設備</td><td>6</td></tr>
<tr><td>ほか</td><td>4</td></tr>
<tr><td rowspan="4">関連分野</td><td>建築</td><td>1</td><td rowspan="3">6</td><td rowspan="3">3</td></tr>
<tr><td>土木</td><td>2</td></tr>
<tr><td>ほか</td><td>3</td></tr>
<tr><td>図記号等</td><td>1</td><td>1</td><td>1</td></tr>
</table>

電気工学では，電気理論，電気機器等の基本的知識が問われる.

電気設備は，構内電気設備の出題数が最も多く，次いで送電設備に関するものである．ここは出題範囲も広く選択問題が多いので，専門外の分野に時間を割くのは得策ではない.

関連分野では，電気工事に関連した，建築，土木等も出題される.

1・1　1. 導体の抵抗

電線は電流が流れやすい材質でできており，これを**導体**という.

導体の抵抗値は，次の式で計算できる.

$$R = \frac{\rho l}{S}$$

R：抵抗〔Ω〕　ρ：抵抗率〔Ωm〕　l：長さ〔m〕　S：断面積〔m^2〕

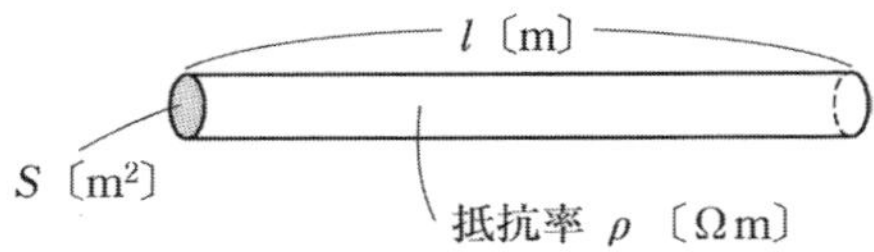

Super **スーパーで労得る**（スーパーマーケットで労働所得を得る）

S　　ρl

問題　図のような，金属導体 B の抵抗値は，金属導体 A の抵抗値の何倍になるか.

ただし，金属導体の材質及び温度条件は同一とする.

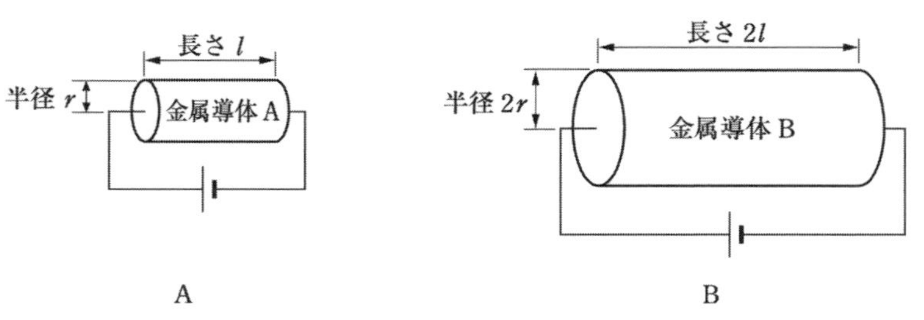

［解答］　金属導体の材質は同じなので，抵抗率 ρ は考えない.

A の抵抗 $R_A = \frac{l}{S}$　　B の抵抗 $R_B = \frac{2l}{4S} = \frac{l}{2S}$　→　$\mathbf{\frac{1}{2}}$ 倍

1・1　2. 合成抵抗

合成抵抗とは，2 個以上の抵抗を接続したときの全体の抵抗をいう．接続の仕方により，次のとおりである．

①　直列接続

抵抗 R_1，R_2 を直列接続したとき，端子 ab 間の合成抵抗

$$R = R_1 + R_2 \quad \cdots\cdots ①$$

②　並列接続

抵抗 R_1，R_2 を並列接続したとき，端子 ab 間の合成抵抗

$$R = \frac{R_1 R_2}{R_1 + R_2} \quad \cdots\cdots ②$$

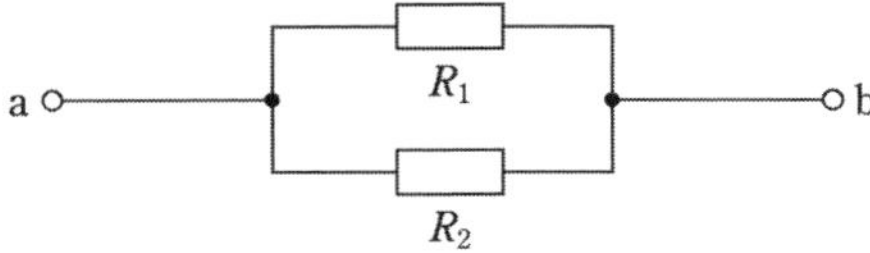

Point　抵抗 3 個の並列は，②式を 2 回使う．

問題　図に示す回路における A—B 間の合成抵抗の値を求めよ．

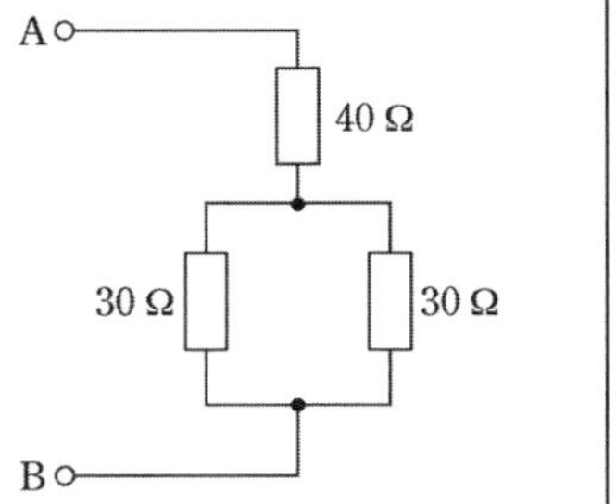

［解答］　30〔Ω〕の抵抗 2 個が並列接続されているので，②式より，15〔Ω〕．15〔Ω〕と 40〔Ω〕が直列接続だから，①式より **55**〔Ω〕．

1・1　3. 電気の法則

(1)　オームの法則

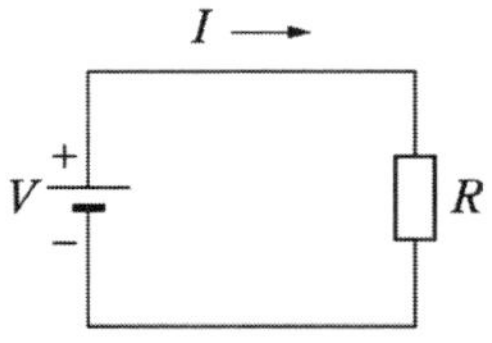

$\boxed{V = IR}$

V：電圧〔V〕　I：電流〔A〕

R：抵抗〔Ω〕

Super　ぼくはアイである

V　I　R

Point　$V = IR$ の公式から，$I = V/R$，$R = V/I$ と変形できるように．

(2)　キルヒホッフの法則

①　第1法則

電気回路の1点に流れ込む電流と流れ出す電流の和は0である．

(流れ込む電流を＋符号，流れ出す電流を－符号)

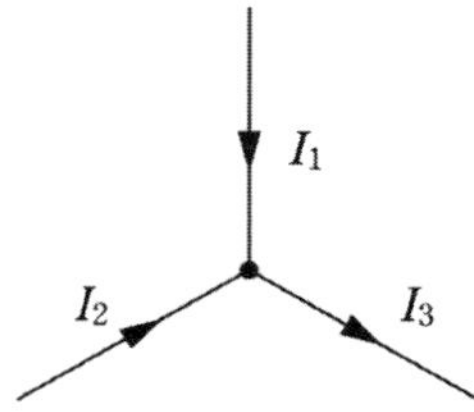

$I_1 + I_2 - I_3 = 0$

②　第2法則

回路で，起電力（電圧）の合計と抵抗の電圧降下の合計は等しい．

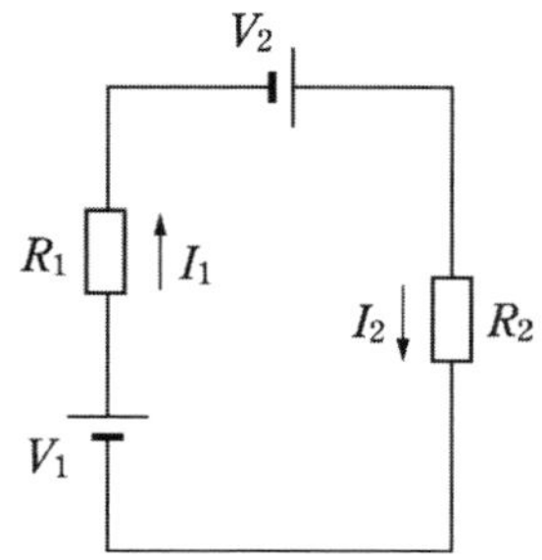

$V_1 + V_2 = I_1R_1 + I_2R_2$

問題 1 図に示す回路において，回路全体の合成抵抗と電流 I_2 の値の組合せとして，正しいものはどれか．

ただし，電池の内部抵抗は無視するものとする．

	合成抵抗	電流 I_2
1.	25 Ω	2 A
2.	25 Ω	4 A
3.	85 Ω	2 A
4.	85 Ω	4 A

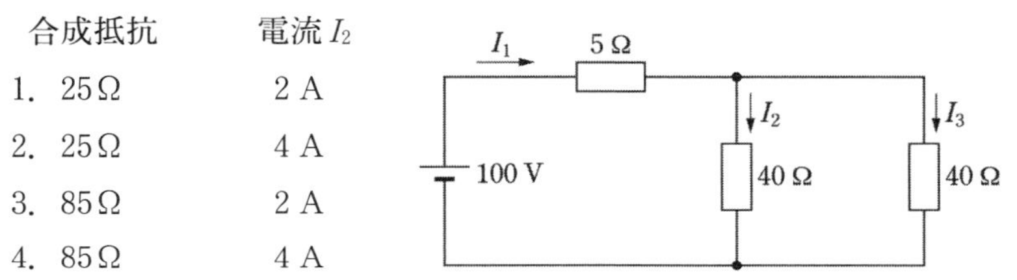

［解答］ 回路全体の合成抵抗は，最初に，40〔Ω〕2 個の並列接続から求める．20〔Ω〕となり，これと 5〔Ω〕との直列接続だから，25〔Ω〕．

オームの法則から，回路全体を流れる電流 $I_1 = V/R = 100/25 = 4$〔A〕

この電流が I_2 と I_3 に分流する．どちらも抵抗は 40〔Ω〕で等しいので，2〔A〕ずつになる．→ **1**

問題 2 図に示す直流回路網における起電力 E〔V〕の値を求めよ．

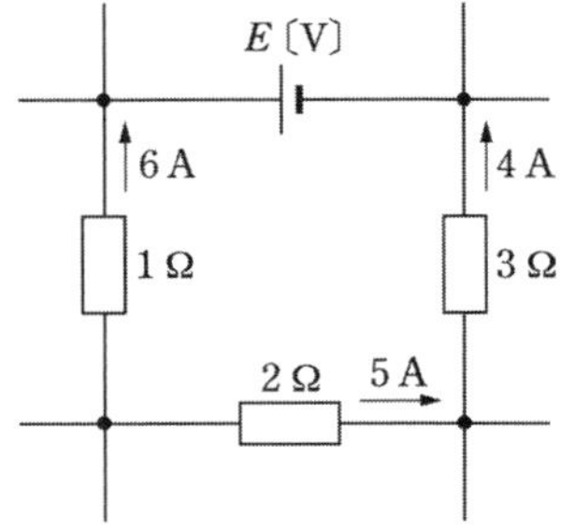

［解答］ キルヒホッフの第 2 法則より，起電力 E から流れる電流を＋とし，反対方向の電流を－とする．

$E = -6\times1+5\times2+4\times3$ が成り立つ．

$E = -6+10+12 =$ **16**〔V〕

1・1　4. ブリッジ回路

図のような電気回路を**ブリッジ回路**という．

ブリッジ回路で，検流計Ⓖに電流が流れない（両端の電位差＝0）なら，向かい合った抵抗同士を掛け算すると等しくなる．

$$\boxed{Z_1 \cdot Z_3 = Z_2 \cdot Z_4}$$

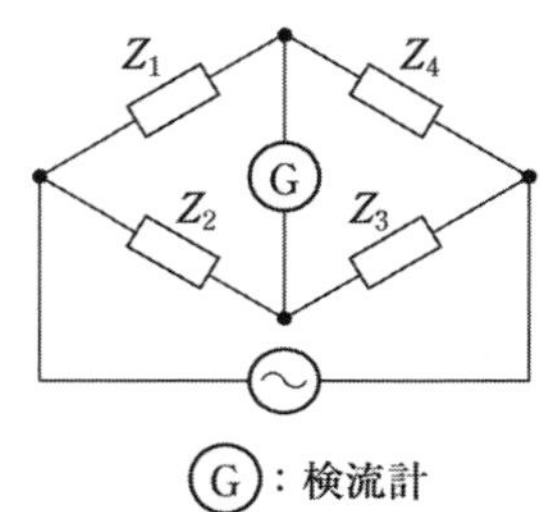

Super ブリッジ（橋）は対岸に架ける

ブリッジ回路　対岸　掛ける

問題　図に示すホイートストンブリッジ回路において，可変抵抗 R_1 を 12.0 Ωにしたとき，検流計 G に電流が流れなくなった．このときの抵抗 R_x の値を求めよ．

ただし，$R_2 = 8.0\,\Omega$，$R_3 = 15.0\,\Omega$ とする．

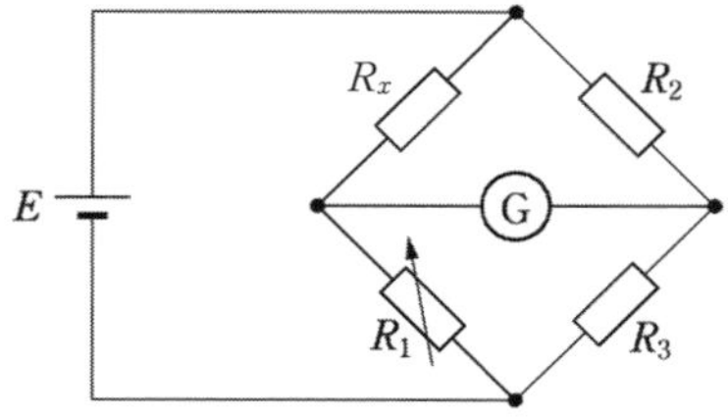

［解答］　$R_3 \times R_x = R_1 \times R_2$ に数値を代入して，

$15 \times R_x = 12 \times 8$　これより，$R_x = \mathbf{6.4}$〔Ω〕

1・1 5. 電界とクーロンの法則

2つの点電荷には静電力Fが働く．

$$F = \frac{Q_1 Q_2}{4\pi\varepsilon r^2} \text{〔N〕}$$

Q_1，Q_2：電荷〔C：クーロン〕

ε：電荷を取り巻く媒質の誘電率〔F/m〕

r：2つの電荷の距離〔m〕

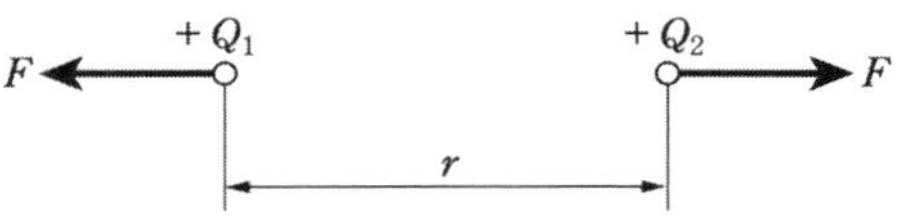

Super 心配いっぱいあるじは救急

$4\pi\varepsilon$ r^2 QQ

Point 電荷が同符号（＋同士，－同士）は反発し，異符号（＋と－）は吸引する．

問題 図のように，点Aに＋Q〔C〕，点Bに－Q〔C〕の点電荷があるとき，点Rにおける電界の向きとして，適当なものはどれか．

ただし，距離OR＝OA＝OBとする．

1. ア
2. イ
3. ウ
4. エ

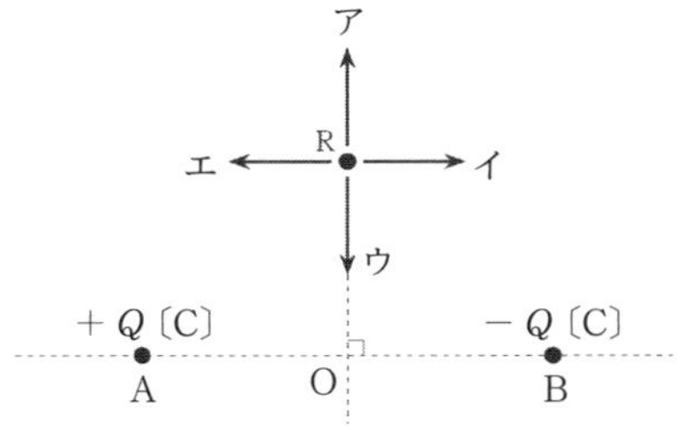

［解答］ AからRに向かう（アとイの真ん中方向）電界と，RからBに向かう（イとウの真ん中方向）電界が生じる．2つの電界を合成すると，イ方向である．→**2**

1・1　6. コンデンサ

(1)　静電容量

導体に電圧を加えると，電荷が現れる．電荷を貯めることのできる機器を**コンデンサ**という．電荷 Q〔C：クーロン〕は，次のとおり．

$\boxed{Q = CV}$　　C：静電容量〔F：ファラド〕　　V：電圧〔V〕

※電荷の単位は C(クーロン) で，静電容量の表示記号は C(シー)

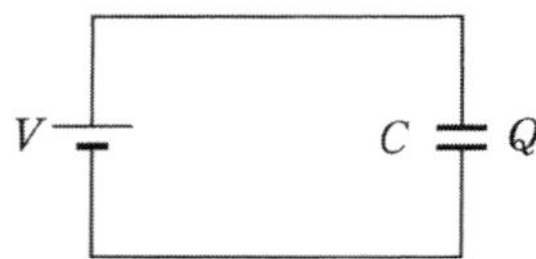

静電容量とは，電荷を貯めることのできる能力をいう．

(2)　合成容量

合成容量とは，2個以上のコンデンサを接続したときの，全体のコンデンサの静電容量をいう．接続の仕方により，次のとおりである．

①　直列接続　　コンデンサ C_1，C_2 を直列接続したとき

合成容量 $C = \dfrac{C_1 C_2}{C_1 + C_2}$

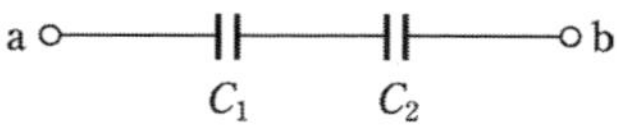

②　並列接続　　コンデンサ C_1，C_2 を並列接続したとき

合成容量 $C = C_1 + C_2$

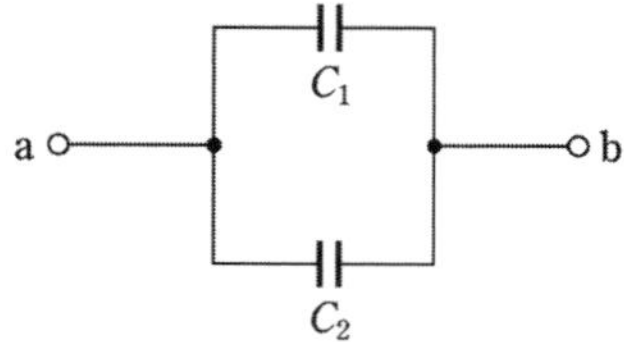

Point　　コンデンサの合成容量は，抵抗の合成抵抗の逆である．

(3)　平行板電極間の静電容量

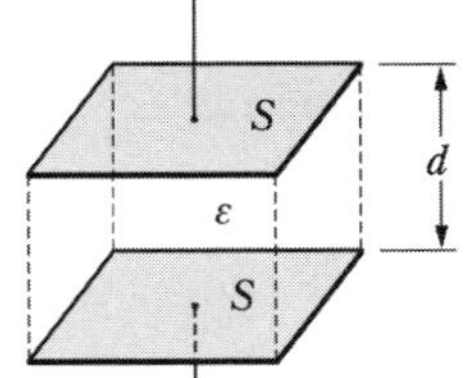

2 枚の平板（金属板）を平行においてコンデンサを作る．

静電容量 $C = \dfrac{\varepsilon S}{d}$　　d：平行板間距離〔m〕

ε：誘電率〔F/m〕　　S：平行板面積〔m^2〕

問題 1　同じ静電容量のコンデンサを図のように A，B の接続を行ったとき，A の合成静電容量は，B の合成静電容量の何倍となるか．

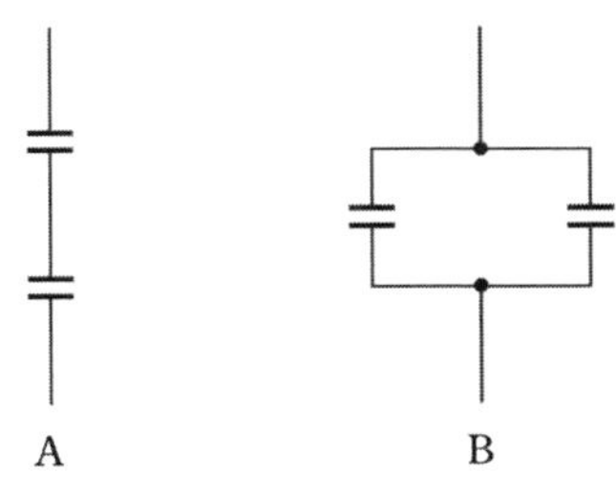

［解答］　コンデンサ 1 個の静電容量を C〔F〕とすると，

A の合成容量＝ $C/2$〔F〕　　B の合成容量＝ $2C$ → **1/4 倍**

問題 2　図に示す面積 S〔m^2〕の金属板 2 枚を平行に向かい合わせたコンデンサにおいて，金属板間の距離が d〔m〕のときの静電容量が C_1〔F〕であった．その金属板間の距離を $2d$〔m〕にしたときの静電容量 C_2〔F〕はいくらか．

ただし，金属板間の誘電率は一定とする．

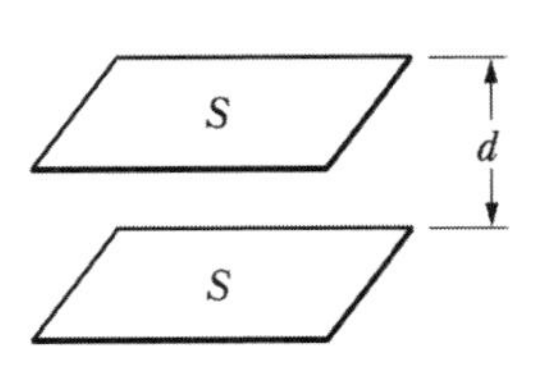

［解答］　$C_1 = \varepsilon S/d$　　$C_2 = \varepsilon S/2d$ より，

$$\boldsymbol{C_2 = \frac{1}{2} C_1}\text{〔F〕}$$

1・1　7. 磁　　界

(1)　磁界とは

磁石を置くと，その周囲に鉄などを吸いつける力が働く．この力を**磁力**といい，磁力の作用する範囲（場，フィールド）を，**磁界**という．

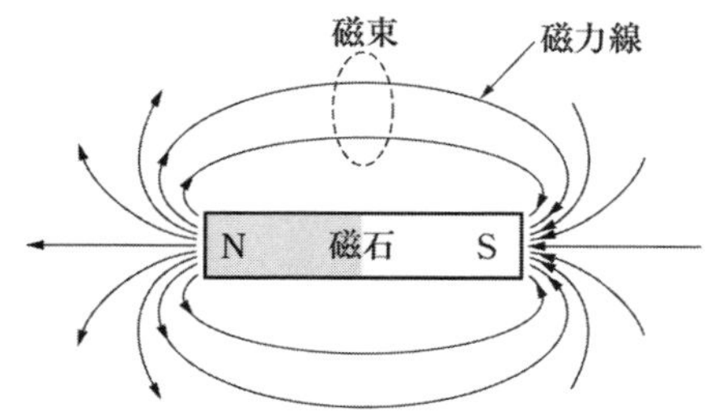

磁界には次の性質がある．

① 磁石にはN極とS極がある．

② 磁力線は，N極から出てS極に入る．

※ 磁力の大きさを線の本数で表し，それを**磁力線**という．

③ 磁力線は分岐，交差はしない．

④ 異種の磁極（NとS）の間には，吸引力が働く．

磁界中に鉄，ニッケル，コバルトのような金属を置くと強く磁化（磁石の性質をもつ）される．このような物質を**強磁性体**という．

Super　鉄 2 個 は 強 い

鉄　ニッケル　コバルト　強磁性体

Point　強磁性体としてニッケルは重要

(2)　右ねじの法則

電流が流れると周りに磁界が発生する．電流が流れるとき，その方向をねじの進む向きにとると，右ねじを回す方向に円形の磁界ができる．

A：電流の流れる方向
B：磁界の発生する方向

(3)　直線状導体

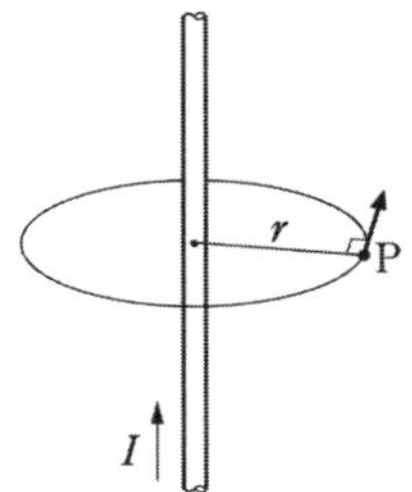

無限に長い直線状導体に，図に示す方向（下から上）に電流 I〔A〕が流れているとき，点 P における磁界は右ねじの法則により，矢印方向（接線方向）に生じる．また，磁界の大きさは $\dfrac{I}{2\pi r}$ である．

Super 突っ張りで出る

2πr　　電流（I）

> **問題 1**　強磁性体に該当する物質として，適当なものはどれか．
>
> 1. 銀
> 2. 銅
> 3. ニッケル
> 4. アルミニウム

［解答］　ニッケルは強磁性体である．→ **3**

> **問題 2**　無限に長い直線状導体に，図に示す方向に電流 I〔A〕が流れているとき，点 P における磁界の向きと磁界の大きさの組合せとして，適当なものはどれか．
>
> ただし，直線状導体から点 P までの距離は r〔m〕とする．
>
> | | 磁界の向き | 磁界の大きさ |
> |---|---|---|
> | 1. | ア | $\dfrac{I}{2\pi r}$ |
> | 2. | ア | $\dfrac{I}{2\pi r^2}$ |
> | 3. | イ | $\dfrac{I}{2\pi r}$ |
> | 4. | イ | $\dfrac{I}{2\pi r^2}$ |
>
> 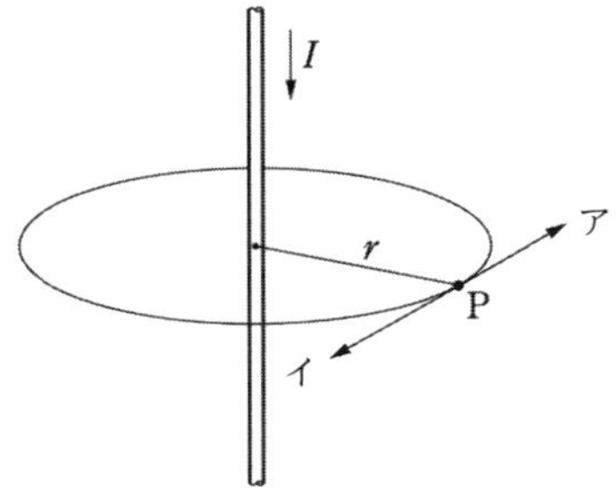
>

［解答］　**3**

1・1　8. 電磁力

(1)　フレミングの左手の法則

磁界中に導体（電線）を置き電流を流すと，導体を動かそうとする力が働く．この力を**電磁力**という．

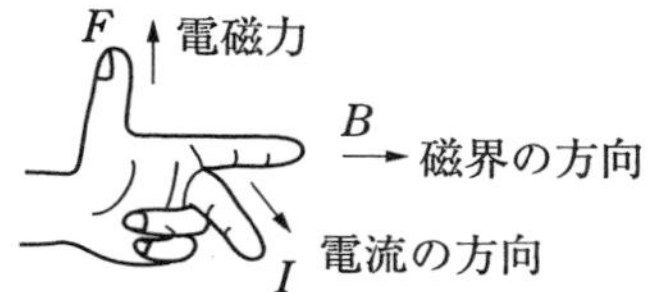

左手の親指，人さし指，中指をそれぞれ直角になるように開く．人さし指を磁界 B，中指を電流 I の方向に向けると親指の方向に電磁力 F が働く．下の図では，導体は上方向に電磁力 F を受ける．

Super　左ききの FBI

親指から順に FBI

(2)　平行導体に働く力

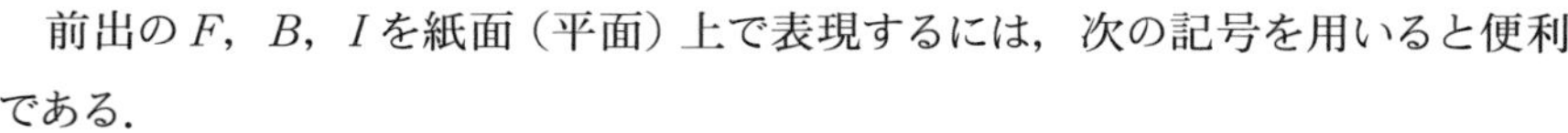

前出の F，B，I を紙面（平面）上で表現するには，次の記号を用いると便利である．

⊗ 矢尻を見ている（机上の紙面の上から下に向かう方向）

⊙ 矢先を見ている（机上の紙面の下から上に向かう方向）

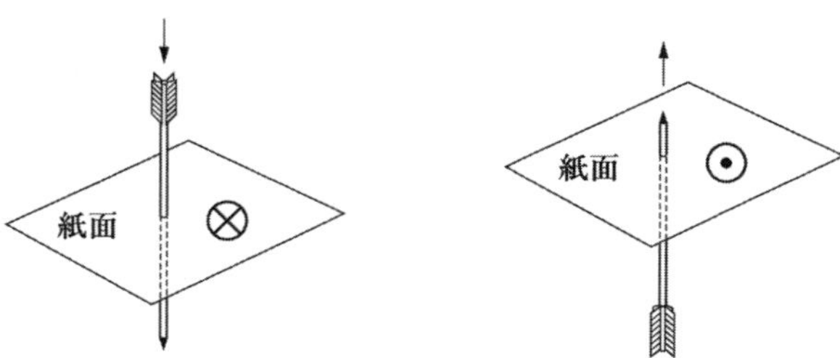

2本の無限に長い導体（電線）L_1，L_2 が平行に置かれている．これに電流を流す．

① 同方向の電流なら導体に吸引の力（F）

② 反対方向の電流なら導体に反発の力（F）

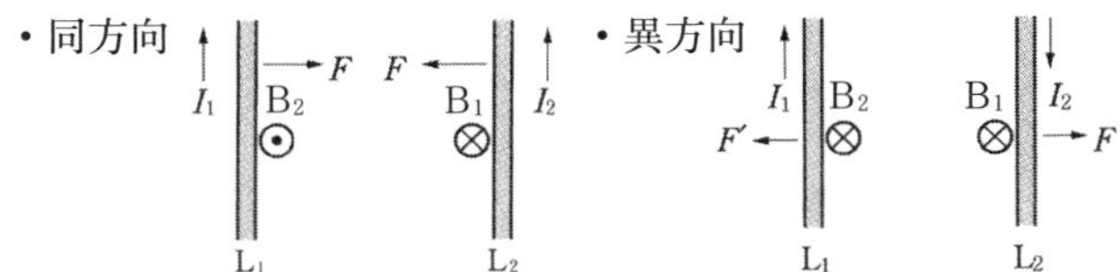

B_1は導体L_1により発生する磁界，B_2は導体L_2により発生する磁界である（右ねじの法則）．L_1，L_2でそれぞれフレミングの左手の法則を用いると，電磁力Fの方向が求められる．

Super **同級半々**

同方向　吸引　反対方向反発

問題 1　図のように磁極間に置いた導体に電流を流したとき，導体に働く力の方向として，正しいものはどれか．

ただし，電流は紙面の表から裏へ向かう方向に流れるものとする．

1. a
2. b
3. c
4. d

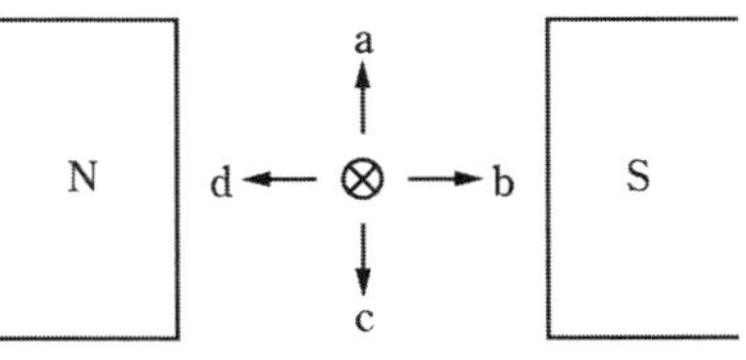

［解答］　フレミングの左手の法則より，磁界BはN極からS極なので，右方向，電流は紙面の上から下方向．力はc方向になる．→ **3**

問題 2　図に示す平行導体イ，ロに電流を流したとき，導体イに働く力の方向として，正しいものはどれか．

ただし，導体イには紙面の表から裏に向かう方向に，導体ロには紙面の裏から表に向かう方向に電流が流れるものとする．

1. a
2. b
3. c
4. d

a
d　⊗　b
イ
c

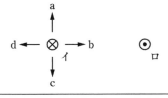

［解答］　電流の流れる方向が反対なので，反発する方向となる．→ **4**

1・1　9. 単相交流回路

(1)　交流回路とは

流れる電流の方向および大きさが，一定の周期 (T) で変化するものを交流という．(電圧も同様)

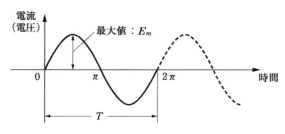

波形は三角波，方形波 (四角) など種々あるが，一般に扱うのは正弦波 (sin 曲線) である．

交流の電圧，電流の値は実効値で表示される．

$$\text{実効値 } E_e = \frac{E_m}{\sqrt{2}}$$

(2)　インピーダンス

電気回路を構成する素子には，抵抗，コンデンサ，コイルがある．

① 容量リアクタンス (X_C)

コンデンサにある操作をして単位を〔Ω〕にしたもの

② 誘導リアクタンス (X_L)

コイルにある操作をして単位を〔Ω〕にしたもの

③ インピーダンス (Z)

抵抗 R とリアクタンス X をまとめたもの　$Z = \sqrt{R^2 + (X_C - X_L)^2}$

Point　抵抗，リアクタンス (2つ)，インピーダンスの単位は〔Ω〕

問題　図に示す単相交流回路の電流 I〔A〕の実効値を求めよ．

ただし，電圧 E〔V〕= 200 V，R = 4 Ω，X_C = 8 Ω，X_L = 5 Ω とする．

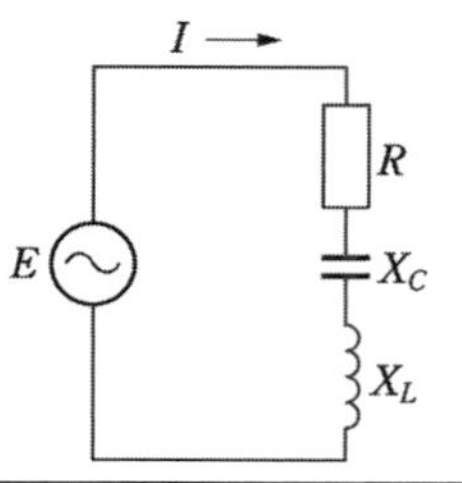

[解答]　$Z = \sqrt{4^2 + (8-5)^2} = \sqrt{25} = 5$〔Ω〕

オームの法則より，$I = V/Z = 200/5 =$ **40**〔A〕

1・1　10. 三相交流回路

(1)　結　線

三相交流の結線方法には，**スター結線**と**デルタ結線**がある．

たとえばスター結線の場合，単相回路が3つあるのと同じ．

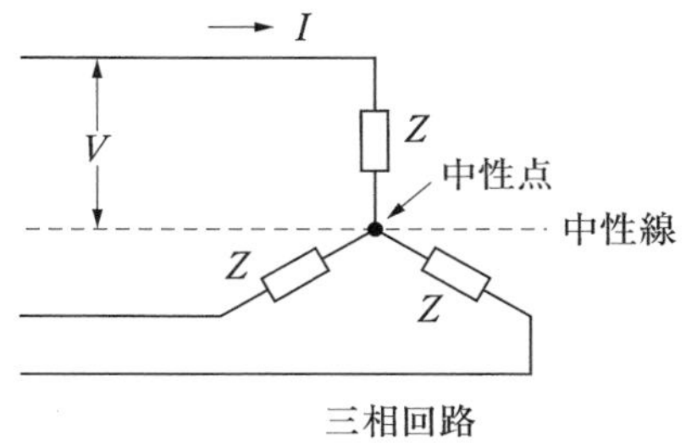

三相回路

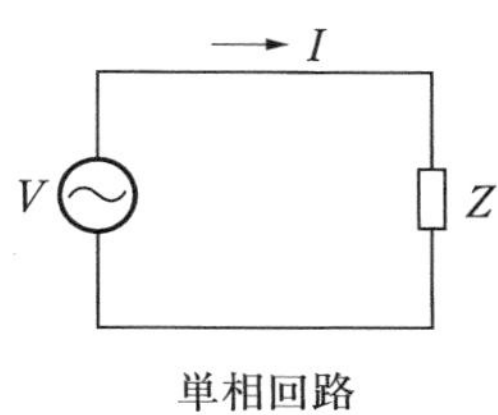

単相回路

この3つの単相交流は，振幅，周期は同じで，位相が $2\pi/3$（120°）ずつずれている．

(2)　電流の大きさ

三相交流回路における電流と電圧の名称は次のとおりである．

V_l：線間電圧　V_P：相電圧　I_l：線電流

I_P：相電流

① スター結線（Y 結線）

$V_l = \sqrt{3}\,V_P \qquad I_l = I_P$

② デルタ結線（Δ結線）

$V_l = V_P \qquad I_l = \sqrt{3}\,I_P$

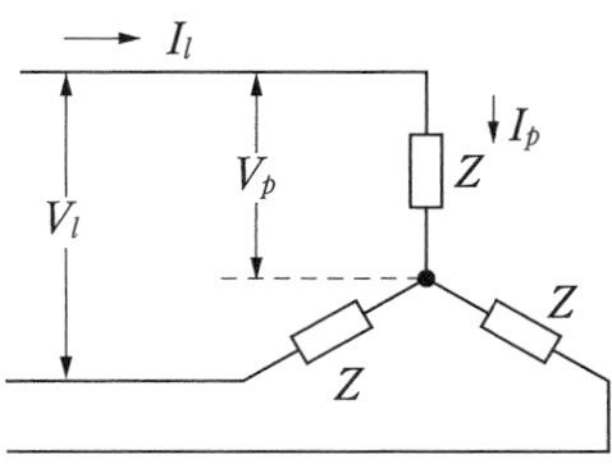

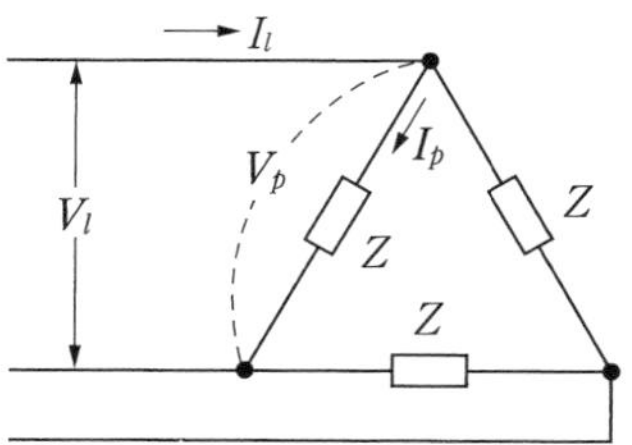

Point　図を書いて，線電流と相電流の関係を暗記する．

問題 1　図に示す三相負荷に三相交流電源を接続したときに流れる電流 I〔A〕の値を求めよ．

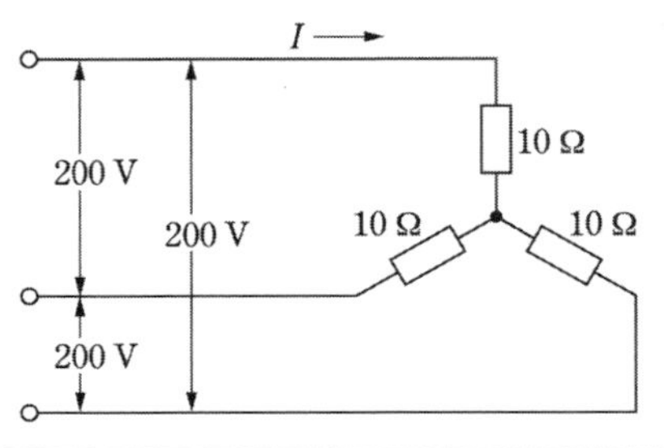

［解答］

$$相電圧 = \frac{200}{\sqrt{3}}$$

オームの法則より，$相電流 = \left(\frac{200}{\sqrt{3}}\right) \div 10 = \frac{20}{\sqrt{3}}$〔A〕

スター結線なので線電流 I は相電流に等しい．したがって，$\boldsymbol{\frac{20}{\sqrt{3}}}$〔A〕

※相電流，相電圧の間でオームの法則を使うとよい．

問題 2　図に示す三相負荷に三相交流電源を接続したときの電流 I〔A〕の値を求めよ．

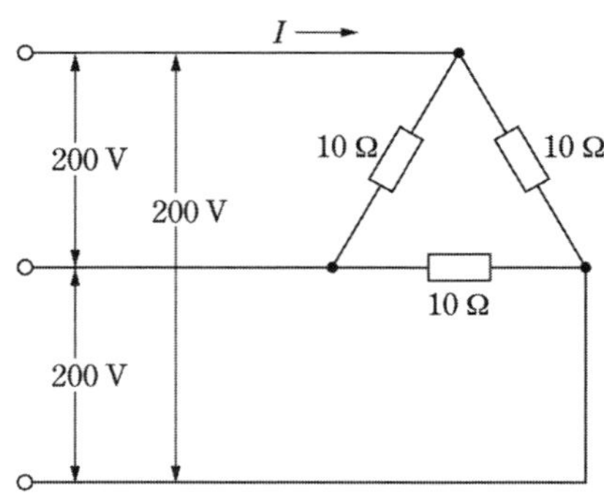

［解答］　相電流 $= 200/10 = 20$〔A〕

線電流 $I = \sqrt{3} \times$ 相電流 $= \boldsymbol{20\sqrt{3}}$〔A〕

1·1　11. 電気計器

(1)　計器名称

電圧，電流などを測定する電気計器は表のとおり.

名　称	記　号	使用回路
可動コイル形		直　流
可動鉄片形		交　流
整流形		交　流
誘導形		交　流
静電形		交流·直流
熱電形		交流·直流
電流力計形		交流·直流

Point
- 可動コイル形は永久磁石可動コイル形ともいい，直流専用.
- 可動鉄片形の図記号は重要.

Super **直 滑 降**（直流専用は可動コイル形のみ）

交流・直流用計器は，名称に「電」の字が付く.

問題　動作原理により分類した指示電気計器の記号と名称の組合せとして，適当なものはどれか.

	記　号	名　称
1.		可動鉄片形計器
2.		静電形計器
3.		電流力計形計器
4.		永久磁石可動コイル形計器

[解答]　1

1・1　12. 分流器・倍率器

(1)　分流器

ここで分流
I
R_a
A
R_s

分流器は，電流計の測定範囲を拡大したいときに，電流計と並列に接続する抵抗 R_s のこと（R_a は電流計の内部抵抗）.

電流 I が抵抗 R_s に分流するため，電流計Ⓐに流れる電流が少なくなり，フルスケールより大きい電流が測定できる.

(2)　倍率器

倍率器は，電圧計の測定範囲を拡大したいときに，電圧計と直列に接続する抵抗 R_m のこと（R_v は電圧計の内部抵抗）.

電圧 E が抵抗 R_m に分圧するため，電圧計Ⓥにかかる電圧が小さくなり，フルスケールより大きい電圧が測定できる.

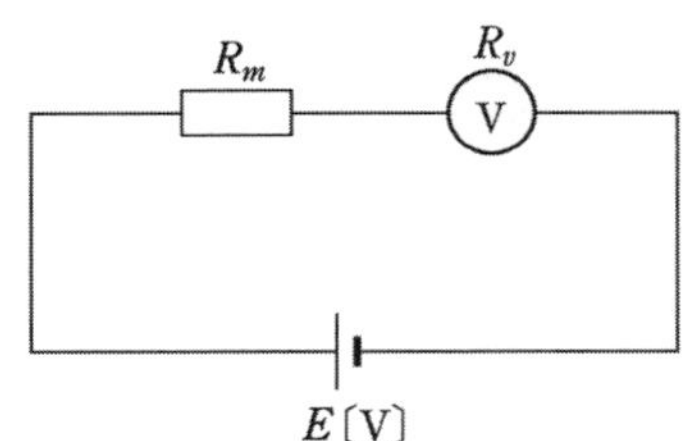

問題　図に示す，内部抵抗 10 kΩ，最大目盛 20 V の永久磁石可動コイル形電圧計を使用し，最大 200 V まで測定するための倍率器の抵抗 R_m〔kΩ〕の値として，正しいものはどれか.

1. 10 kΩ
2. 90 kΩ
3. 100 kΩ
4. 900 kΩ

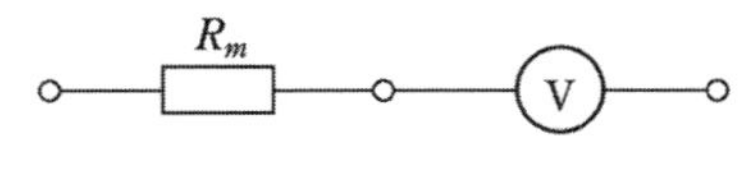

[解答]　R_m にかかる電圧が 180 V，電圧計の測定電圧が 20 V なので，9：1 に分圧すればよい.（電圧は抵抗の大きさに比例）　→ **2**

1•2　1. 直流発電機

発電機には直流を発生する**直流発電機**と，三相交流を発生する**同期発電機**がある．

(1)　直流発電機の原理

磁界中でコイルを一定の速度で回転させたとき，抵抗 R に流れる電流 i の波形は図のようになる．S_1 と S_2 は整流子，B_1 と B_2 はブラシ．

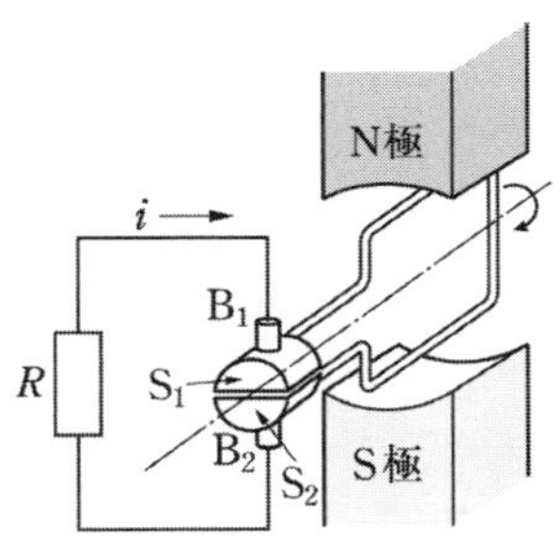

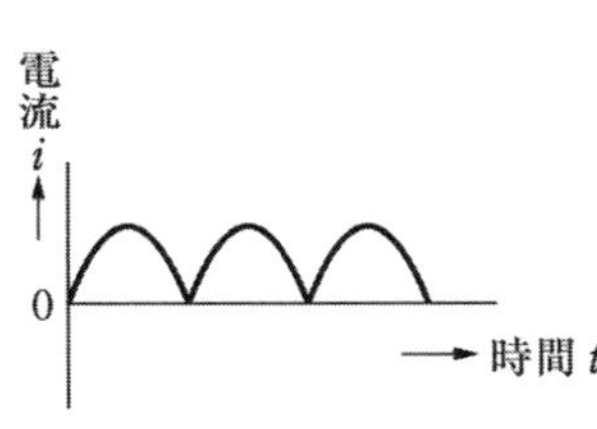

(2)　直流発電機の界磁巻線

界磁巻線とは，磁界を発生するためのコイルをいう．

直流発電機の界磁巻線の接続方法には 4 つある．

A：電機子　　F：界磁巻線　　I：負荷電流　　I_a：電機子電流

I_f：界磁電流

① 直巻き

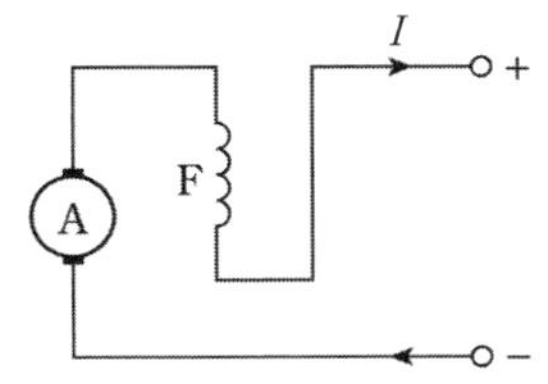

Ⓐとコイル F は直列接続

② 分巻き

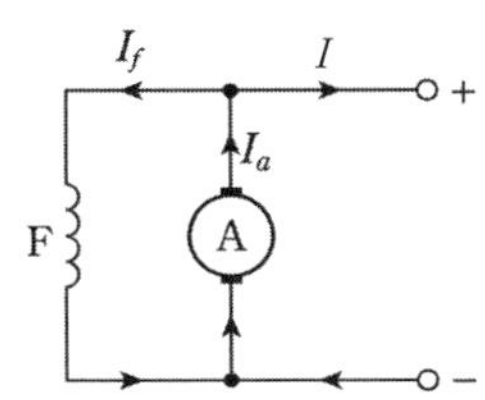

Ⓐとコイル F が並列（分列）接続

③　複巻き　　　　　　　　　　　④　他励磁

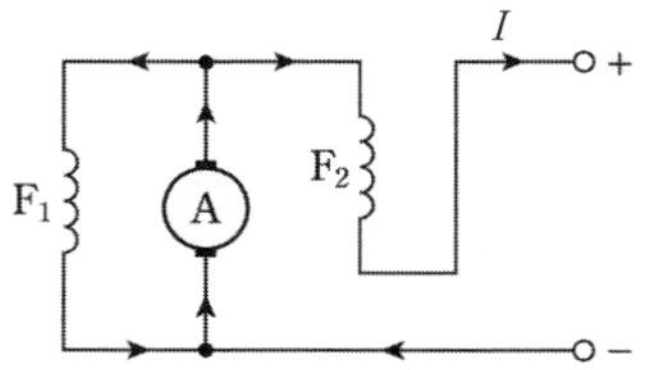

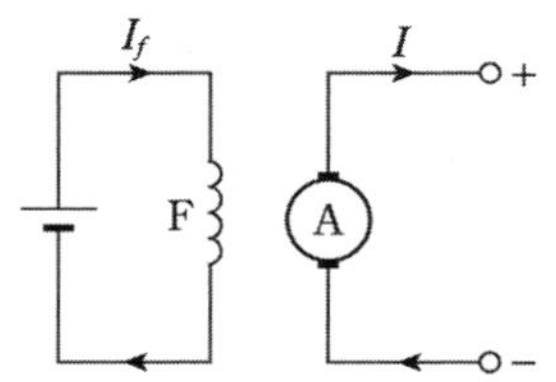

Ⓐとコイル F が直列および並列接続　　Ⓐとコイル F が切り離し

Point　電機子Ⓐに対してコイルがどのように接続されるか．名称を問う問題が出る．

問題　図に示す界磁巻線をもつ直流発電機の名称は何か．
ただし，A：電機子　F_1，F_2：界磁巻線

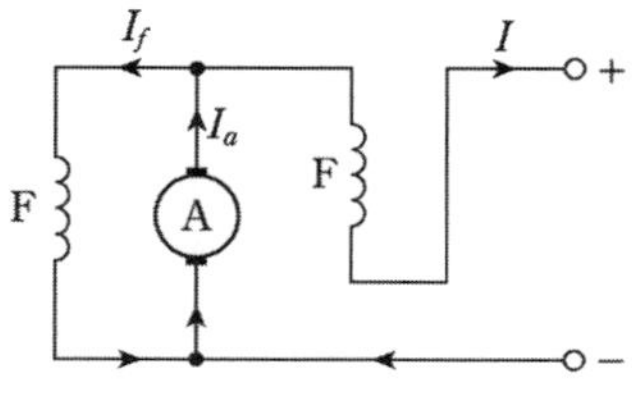

［解答］　複巻発電機

1・2　2. 同期発電機

(1)　回転速度

同期発電機の回転速度（同期速度）は，次の式で求められる．

$$N_s = \frac{120f}{p}$$

N_s：回転速度〔min^{-1}〕　f：周波数〔Hz〕　p：極数

Point　回転速度〔min^{-1}〕は，1分間あたりの回転数をいう．p は発電機の構造にかかわるN極・S極のペア数をいう．

(2)　同期発電機の並行運転

複数の同期発電機を並行運転する条件は，次のものが同じであること．

①　周波数　②　位相　③　波形　④　電圧　⑤　相順

Super　発電機を2台運転すると，周囲は暑そう

問題 1　同期発電機の同期速度〔min^{-1}〕を求めよ．
ただし，同期発電機の極致 $p = 8$，周波数 $f = 60$ Hz とする．

［解答］　$N_s = 120f/p$ に数値を代入すると，$N = 120 \times 60/8 =$ **900** min^{-1}

問題 2　同期発電機の並行運転を行うための条件として，必要のないものはどれか．

1. 起電力の大きさが等しい．
2. 起電力の位相が一致している．
3. 起電力の周波数が等しい．
4. 定格容量が等しい．

［解答］　**4**

1・2　3. 誘導電動機

(1)　単相の始動方法

単相誘導電動機の始動方法は次のとおり.

① コンデンサ始動

② くま取りコイル始動

③ 分相始動

Super　小　熊　分

コンデンサ　くま取り　分相

(2)　三相の始動方法

三相誘導電動機の始動方法は次のとおり.

① 直(じか)入れ始動（全電圧始動）

② Y(スター)－Δ(デルタ)始動

③ リアクトル始動

④ コンドルファ始動

Super　山荘で，今度はスターが直にリアクションとる

三相　コンドルファ　スター　じか入れ　リアクトル

(3)　三相の特性

三相誘導電動機の回転速度 N〔min^{-1}〕は，次の式で与えられる.

$$N=\frac{120f}{p}(1-s)$$

f：周波数〔Hz〕　p：極数　s：すべり

この式から，次のことがわかる.

① 周波数を高くすると，回転速度は速くなる.

② 極数が少ないと，回転速度は速くなる.

③ 滑りが減少すると，回転速度は速くなる.

④ 回転速度は，同期速度($120f/p$)より遅くなる.

また，次の特性がある.

① 負荷が増加すると，回転速度は遅くなる．

② 全負荷時に比べ，無負荷時は滑りが小さくなる．

③ 直入れ始動した場合，定格電流より大きな始動電流が流れる．

④ 電源の 3 線のうち 2 線を入れ換えると，回転方向が逆になる（下図）．

⑤ かご形誘導電動機は，構造が簡単で堅ろうである．

⑥ 巻線形誘導電動機は，二次側に可変抵抗器を接続することで始動トルクを大きくできる．

⑦ 3 E リレー（P 205）を使用するとよい．

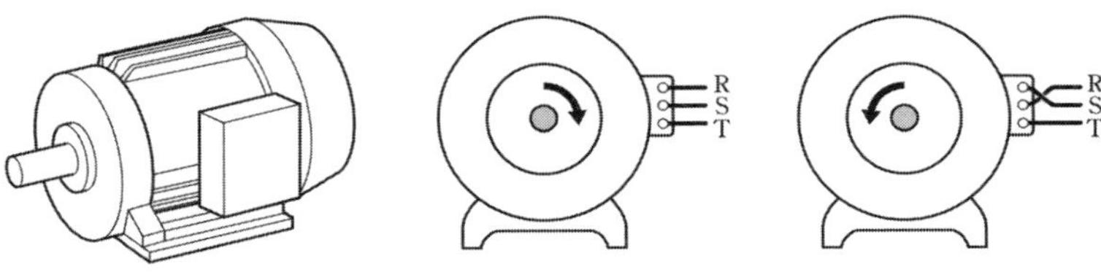

電動機

※R，S，T は電源の相順を表す．

問題 1　単相誘導電動機の始動法として，適当なものはどれか．

1. Y－Δ 始動
2. リアクトル始動
3. コンドルファ始動
4. くま取りコイルによる始動

［解答］　**4**

問題 2　三相誘導電動機の特性に関する記述として，不適当なものはどれか．

1. 滑りが減少すると，回転速度は遅くなる．
2. 周波数を高くすると，回転速度は速くなる．
3. 極数が少ないと，回転速度は速くなる．
4. 負荷が増加すると，回転速度は遅くなる．

［解答］　**1**

1・2　4. 変圧器その1

(1)　変圧比

変圧比 a は，$a = E_1/E_2 = N_1/N_2 = I_2/I_1$

E_1：1次巻線の起電力〔V〕

E_2：2次巻線の起電力〔V〕

N_1：1次巻線数

N_2：2次巻線数

I_1：1次巻線の電流〔A〕

I_2：2次巻線の電流〔A〕

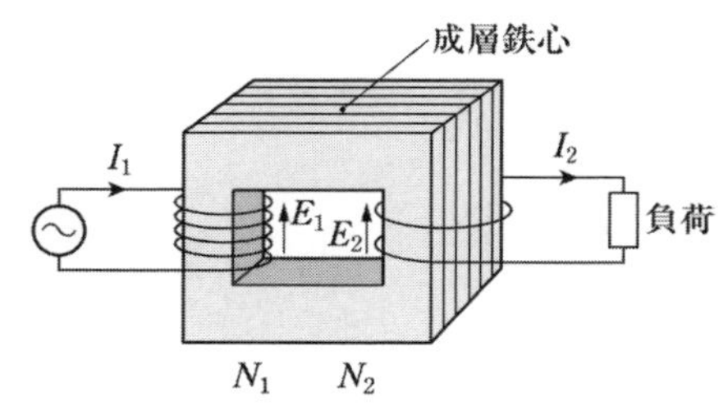

(2)　並行運転

2台の変圧器をつないで1台の変圧器として使うことを，**並行運転**という．

運転可能な組合せの例	運転できない組合せの例
Y－Y結線とY－Y結線	Δ－Δ結線とY－Δ結線
Δ－Δ結線とΔ－Δ結線	Δ－Y結線とY－Y結線
Δ－Δ結線とY－Y結線	
Δ－Y結線とΔ－Y結線	

※　Y（スター）結線は変圧器の巻線をY形につないだ結線方式

Point　2台の結線方式に対称性のないものは並行運転できない．

問題　2台の三相変圧器の結線の組合せのうち，並行運転ができないものはどれか．

1. Δ－Δ結線とΔ－Δ結線
2. Δ－Δ結線とY－Y結線
3. Δ－Δ結線とΔ－Y結線
4. Δ－Y結線とY－Δ結線

［解答］　3

(3)　V結線・Δ結線

単相変圧器を2台でV(ブイ)結線，3台でΔ(デルタ)結線すると，三相変圧器としての出力が得られる．

①　単相変圧器2台（V(ブイ)結線）

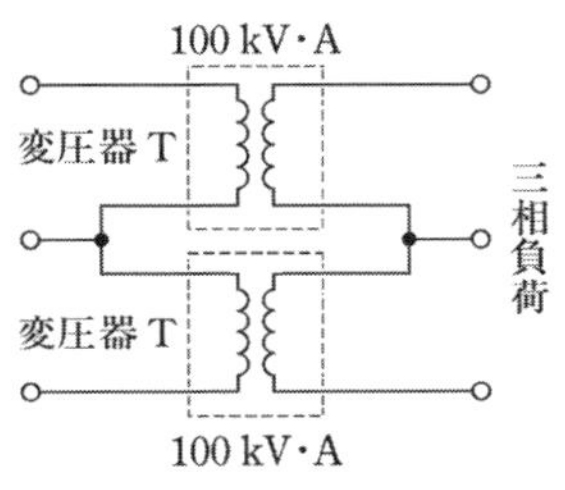

（例）
単相変圧器100 kV·A 2台の場合
三相出力：$\sqrt{3}\times 100$〔kV·A〕
（利用率$\sqrt{3}$／2 ≒ 86.7 %）
※　200 kV·Aで$100\sqrt{3}$ kV·A利用できる．

②　単相変圧器3台（Δ(デルタ)結線）

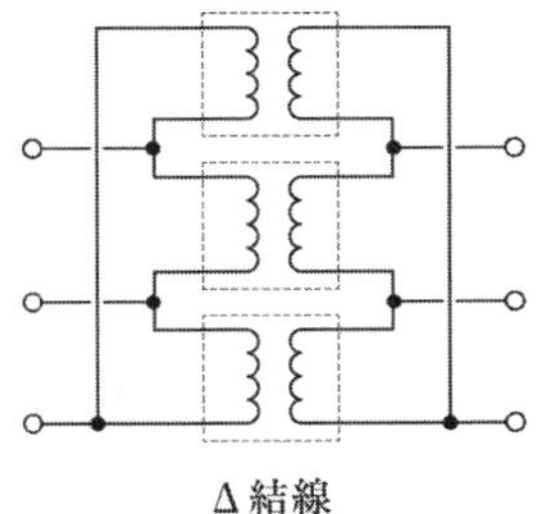

Δ結線

（例）
単相変圧器100 kV·A 3台の場合
三相出力：3×100〔kV·A〕
（利用率100%）

Super　決戦勝利，ルミさんVサインが出る
結線　$\sqrt{3}$　3　V　Δ

Point　単相→三相がV結線とΔ結線．三相→二相（単相2つ）に変換する結線を**スコット結線**という．

問題　定格容量P〔kV·A〕の単相変圧器2台をV−V結線とした場合，三相負荷に供給可能な最大容量〔kV·A〕を求めよ．

［解答］　$\sqrt{3}P$〔kV·A〕

1・2　5. 変圧器その2

(1)　効　率

変圧器の効率（規約効率ともいう）をηとすると，

$$\eta = 出力/入力 = 出力/(鉄損 + 銅損 + 出力) \times 100 〔\%〕$$

$$\eta = \frac{P}{P + P_c + P_i} \times 100 〔\%〕$$

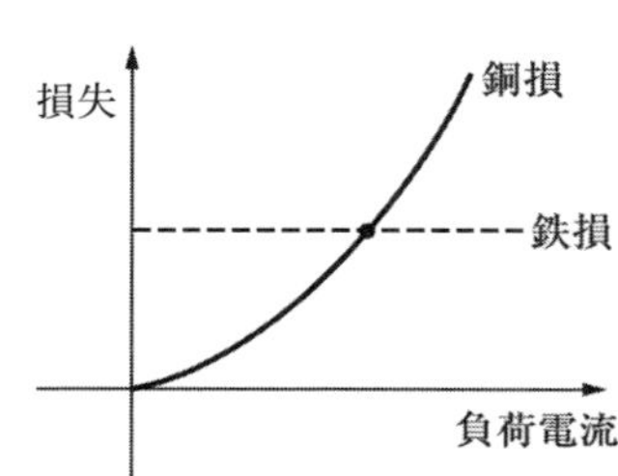

P　：出力〔kW〕

P_c：負荷損（銅損）〔kW〕

P_i：無負荷損（鉄損）〔kW〕

鉄損（P_i）＝ヒステリシス損＋渦電流損

銅損（P_c）＝抵抗損（ジュール熱）ほか

①　鉄損は負荷の大きさによらず一定

②　銅損は負荷電流の2乗に比例

Point　変圧器効率が最大となるのは，鉄損＝銅損のとき．

(2)　冷　却

油入変圧器はタンク内が絶縁油で満たされている．

変圧器内部の絶縁油の自然対流によって鉄心及び巻線に発生した熱を外箱に伝え，外箱からの放射と空気の自然対流によって熱を外気に放散させる方式を，**油入自冷式**といい，一般的に用いられている．

変圧器に用いる絶縁油の条件は次のとおり．

①　絶縁耐力が大きい．

②　冷却作用が大きい．

③　引火点が高い．

④　粘度が低い(さらさらしている)．

(3)　保護装置

油入変圧器の異常を検出する保護継電器は次のとおり．

①　衝撃圧力継電器

② ブッフホルツ継電器

③ ガス検出継電器

④ 比率差動継電器

Point ①～③は機械的に検出．④は電気的に検出する．

(4) 騒音対策

① 防振ゴムを敷く

② 鉄心に高配向性けい素鋼板を使用する（磁気ひずみの小さいもの）．

③ 鉄心の磁束密度を小さくする．

Point 油入変圧器に比べ，モールド変圧器（巻線をエポキシ樹脂で固めた乾式変圧器）は難燃性，保守性で有利だが，騒音は大きい．

問題 1 油入変圧器の異常時の機械的保護装置として，不適当なものはどれか．

1. 衝撃圧力継電器
2. ブッフホルツ継電器
3. 比率差動継電器
4. ガス検出継電器

［解答］ 比率差動継電器は機械的でなく，電気的に変圧器の異常を検出する．→ **3**

問題 2 変電所の油入変圧器の騒音に関する記述として，不適当なものはどれか．

1. 電磁力で巻線に生じる振動による通電騒音がある．
2. 磁気ひずみなどで鉄心に生じる振動による励磁騒音がある．
3. 鉄心に磁気ひずみの小さいけい素鋼板は騒音対策に有効である．
4. 鉄心の磁束密度を高くすることは，騒音対策に有効である．

［解答］ **4**

1・2　6. 照明器具

(1)　照明の用語

用語	単　位	意　味
光束	lm：ルーメン	人の視覚で光と感じる量．可視光の束．
光度	cd：カンデラ	光の明るさの度合い．単位立体角当たりの光束．
輝度	cd/m^2	単位面積当たりの，光の明るさの度合い．
照度	lx：ルクスまたは〔lm/m^2〕	光を受け取る面の単位面積当たりに入射する光束．
色温度	K：ケルビン	光源の見かけの温度．

(2)　光　源

主な光源は次のとおり．

光源の種類	特　徴
白熱電球	フィラメントの熱放射による発光を利用したランプ．ハロゲン電球も熱放射による発光利用．
蛍光ランプ	水銀蒸気の放電ランプであり，放電によって生じた紫外線を蛍光物質にあてて発光．
低圧ナトリウムランプ	ナトリウム蒸気の放電ランプ．単色光の光源であるため，演色性が悪い．主に道路のトンネル照明などに利用される．
高圧水銀ランプ	水銀蒸気の放電ランプ．

Point　熱放射による発光を利用するのは，白熱電球とハロゲン電球．

(3)　照明方式

①　全般照明

室全体をほぼ一様な照度になるように照明する全般照明方式と，室の一部を照明する局所照明方式がある．

また，直接光が入る割合の多い順に

①　直接照明　　②　半直接照明　　③　全般拡散照明

④　半間接照明　⑤　間接照明

(4)　照明の省エネルギー

①　点滅区分を細分化して，こまめに点滅できるようにする.

②　埋込下面カバー付き器具に替えて，埋込開放器具を採用する.

③　明るさセンサ（照度センサ）を設置し，照明の調光制御を行う.

④　Hf（高周波点灯）蛍光灯器具を採用する.

問題 1　照明に関する用語と単位の組合せとして，不適当なものはどれか.

	用語	単位
1.	光度	cd
2.	光束	lm
3.	照度	lx
4.	輝度	lm/m^2

[解答]　輝度は cd/m^2　→ **4**

問題 2　照明の光源に関する記述として，最も不適当なものはどれか.

1. 低圧ナトリウムランプは，単色光の光源であるため，演色性が悪い.
2. 高圧水銀ランプは，消灯直後の水銀蒸気圧が高いため，すぐには再始動できない.
3. メタルハライドランプは，高圧水銀ランプに比べ演色性が良い.
4. 蛍光ランプは，熱放射による発光を利用したものである.

[解答]　光源で照らしたとき，実際の色に近いほど，「演色性が良い」と表現する.

蛍光ランプは放電ランプのひとつである. → **4**

1・2　7. 照度の計算公式

(1)　点光源による照度

点光源の光度を I〔cd：カンデラ〕とし，r〔m〕離れた点Pの照度を E〔lx：ルクス〕とすると，

$$E = \frac{I}{r^2}\,〔\mathrm{lx}〕$$

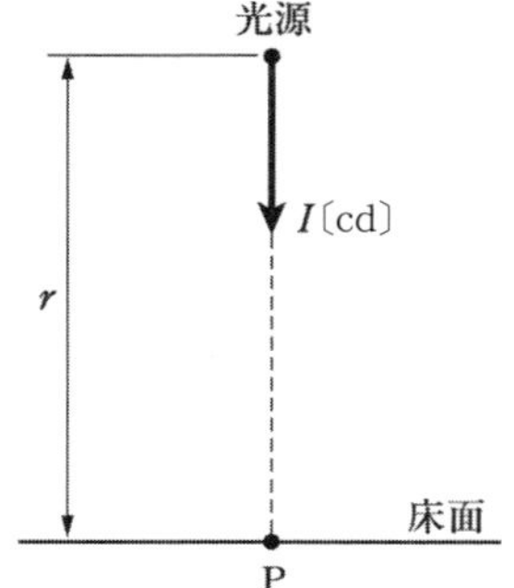

Super 主(あるじ) の 行 動

r^2　　光度 (I)

(2)　室の照度

ある室の平均照度 E〔lx〕は，光束法により求める．計算公式は次のとおり．

E =光束/面積なので，

$$E = FUMN/A$$

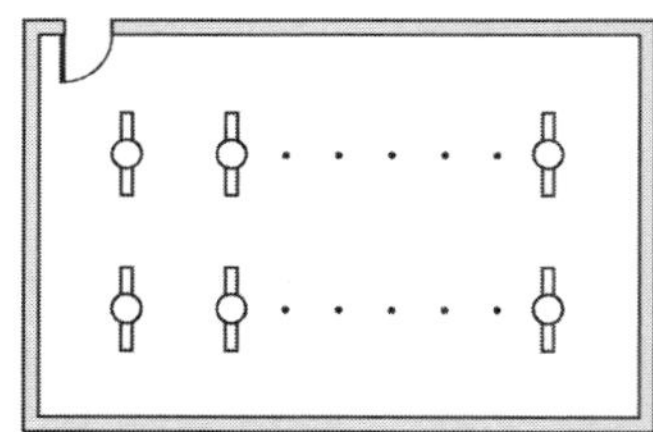

A：室の面積〔m^2〕

F：ランプ1本の光束〔lm：ルーメン〕

U：照明率（ランプからの光が，照射面に到達した割合）

M：保守率　　N：ランプ本数

Super 麺 が 不 満

面積　　$FUMN$

Point　面積を分母にしてあとはすべて分子に乗せればよい．

問題 1　照度に関する次の文章中，［　　］に当てはまる語句の組合せとして，適当なものはどれか．

「点光源からの光に垂直な面の照度は，光源の［　イ　］に比例し，光源からの［　ロ　］に反比例する.」

	イ	ロ
1.	光度	距離
2.	光度	距離の 2 乗
3.	光度の 2 乗	距離
4.	光度の 2 乗	距離の 2 乗

[解答]　2

問題 2　全般照明において，平均照度 E〔lx〕を光束法により求める式として，正しいものはどれか．

ただし，各記号は次のとおりとする．

N：ランプの本数［本］　F：ランプ 1 本当たりの光束〔lm〕

U：照明率　M：保守率　A：被照面の面積〔m^2〕

1. $E=\dfrac{F\cdot N\cdot A\cdot U}{M}$〔lx〕　2. $E=\dfrac{F\cdot N\cdot U\cdot M}{A}$〔lx〕

3. $E=\dfrac{F\cdot N\cdot A}{U\cdot M}$〔lx〕　4. $E=\dfrac{F\cdot N\cdot M}{A\cdot U}$〔lx〕

[解答]　2

問題 3　照明用語に関する記述として，不適当なものはどれか．

1. 法線照度とは，光源の光軸方向に垂直な面上の照度である．
2. 照明率とは，基準面に達する光束の，光源の全光束に対する割合である．
3. 光束法とは，作業面の各位置における直接照度を求めるための計算方法である．
4. 保守率とは，ある期間使用した後に測定した平均照度の，新設時に測定した平均照度に対する割合である．

[解答]　保守率は光源（ランプ）の種類，照明器具の清掃回数，使用環境によって変わる．光束法は室の平均照度を計算する方法．→ **3**

1・2　8. 電気加熱

(1) 特　徴

電気加熱の特徴は次のとおり.

① 真空中でも容易に加熱できる.

② 内部加熱が容易である.

③ 温度制御が容易である（2 000～3 000℃の高温が得られる）.

④ 加熱のための燃焼廃棄物が発生しない.

⑤ 熱効率がよい（約 80%）.

(2) 種　類

① アーク加熱

電極間のアーク放電による発熱作用を利用. アーク溶接など.

② 誘電加熱

交番電界中に置かれた被加熱物中に生じる誘電損により加熱. 木材乾燥, 電子レンジ.

③ 誘導加熱

交番磁界内において, 導電性の物体中に生じる渦(うず)電流損や磁性材料に生

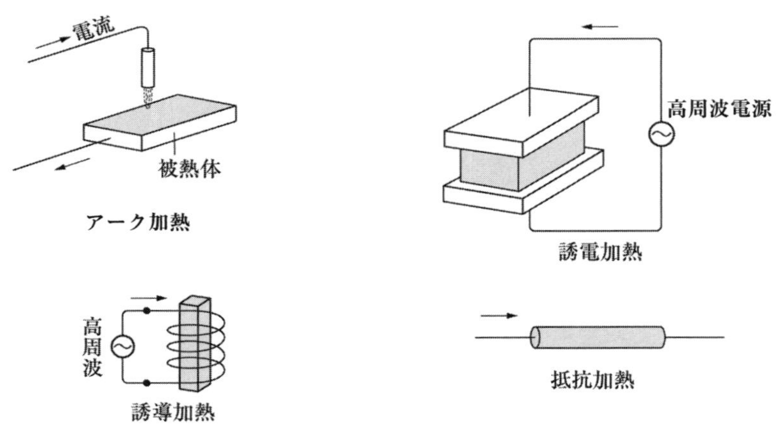

じるヒステリシス損を利用して加熱する．電磁調理器．

④　抵抗加熱

ジュール熱による加熱．電気ストーブなど．

⑤　赤外線加熱

赤外放射エネルギーを利用する．

Point　誘電加熱は電界，誘導加熱は磁界．

問題 1　電気加熱方式に関する記述として，不適当なものはどれか．

1. 抵抗加熱は，ジュール熱を利用する．
2. アーク加熱は，電極間に生ずる放電を利用する．
3. 赤外線加熱は，赤外放射エネルギーを利用する．
4. 誘電加熱は，渦電流損とヒステリシス損を利用する．

［解答］　誘電加熱は絶縁物質中の誘電体損により加熱する．渦電流損とヒステリシス損を利用して，加熱するのは誘導加熱である．→ **4**

問題 2　電気加熱の方式に関する次の文章に該当する用語として，適当なものはどれか．

「交番磁界内において，導電性の物体中に生じる過電流損や磁性材料に生じるヒステリシス損により加熱する.」

1. 抵抗加熱
2. 誘導加熱
3. 誘電加熱
4. 赤外線加熱

［解答］　**2**

1・3　1. 水力発電

(1)　ダムの種類

① アースダム

粘土，砂利，岩石などを混ぜ，台形にしたダム．小規模なものが多い．

② アーチダム

コンクリートで築造されたダム．水圧などの外力を主に両岸の岩盤で支える構造で，両岸の幅が狭く岩盤が強固な場所に造られる．

アーチ（丸い曲面）形をしている．

③ 重力ダム

コンクリートの自重により，水圧に抵抗するダム．

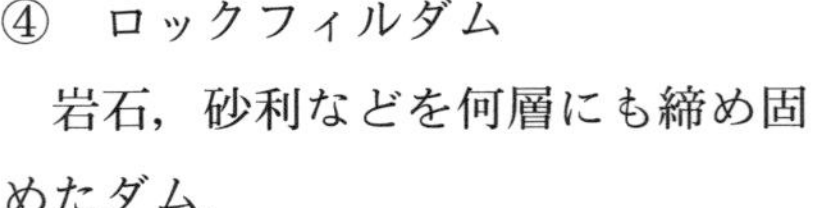

④ ロックフィルダム

岩石，砂利などを何層にも締め固めたダム．

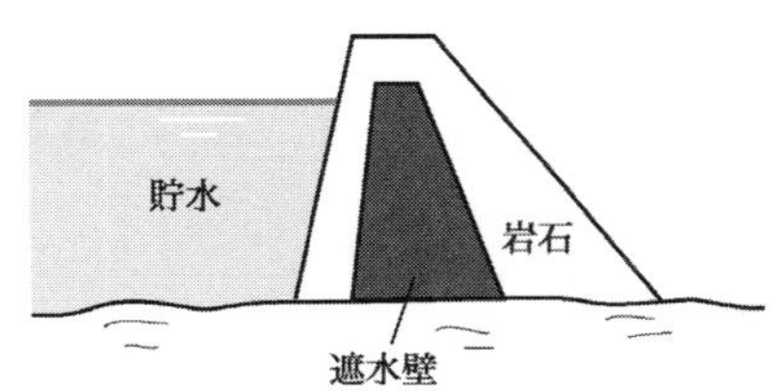

(2)　水力発電の種類

① 流れ込み式

河川流量を人工的に調整することなく，自然の流れにまかせる方式で，発電量は変動する．

② 貯水池式

豊水期の水を蓄えておき，渇水期に利用することにより，河川流量の季節的変動を調整して発電する方式．

③ 揚水式

上部および下部に池を設け，深夜の軽負荷時に下池の水を上池に揚水貯留し，ピーク負荷時に，この水を利用して発電する方式．

貯留された水だけ発電に利用するのを，**純揚水式**という．河川から流れ込んだ水も利用する方式を**混合揚水式**という．

(3) 水　車

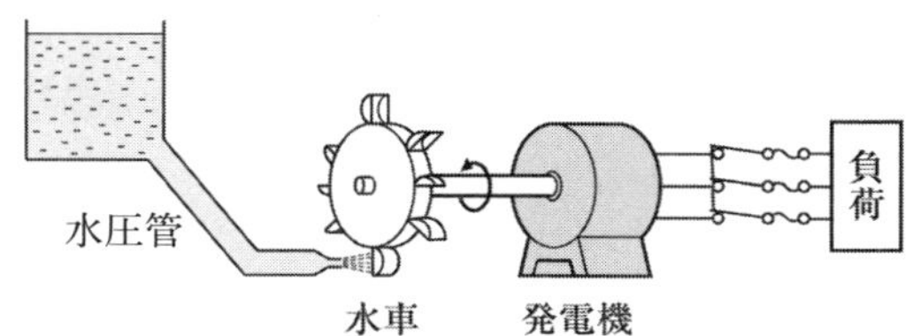

種　　類	特　　徴	水 車 名
衝動水車	水を直接衝突させて水車を回転させる．	ペルトン水車
反動水車	水圧を反動力として水車を回転させる．	プロペラ水車，フランシス水車，斜流水車　ほか

Point　衝動水車はペルトンだけ．

Super　ベネトンを衝動買い
ペルトン　衝動水車

問題　発電用に用いられる次の文章に該当するダムの名称として，適当なものはどれか．

「コンクリートで築造され，水圧などの外力を主に両岸の岩盤で支える構造で，両岸の幅が狭く岩盤が強固な場所に造られる．」

1. アースダム
2. アーチダム
3. バットレスダム
4. ロックフィルダム

[解答]　バットレスダムは，コンクリートに中空部分を作ったダム．→ 2

1・3　2. 水力発電所の発電機出力

発電機出力の式は次のとおり．

$\boxed{P = 9.8\,QH\eta}$　　Q：水車への流入水量〔m^3/s〕　H：有効落差〔m〕

η（イータ）：総合効率（水車効率×発電機効率）

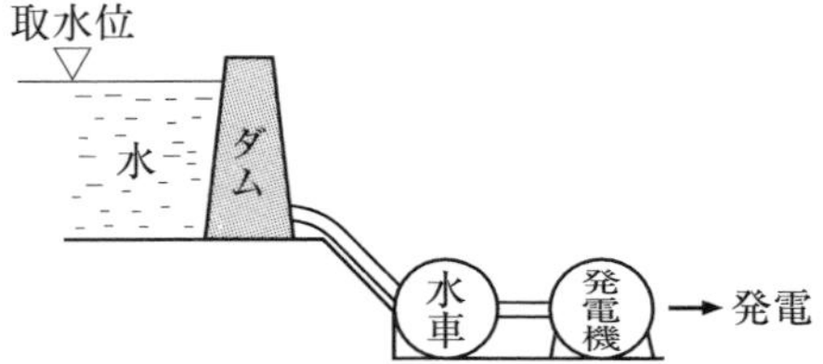

Super 食っては流浪のラッコ

9.8　流量　落差　効率

> **問題**　水力発電所の発電機出力 P〔kW〕を求める式として，正しいものはどれか．
>
> ただし，各記号は次のとおりとする．
>
> Q：水車に流入する水量〔m^3/s〕
>
> H：有効落差〔m〕
>
> η：水車と発電機の総合効率
>
> 1. $P = 9.8\,QH\eta$〔kW〕
> 2. $P = 9.8\,Q^2H\eta$〔kW〕
> 3. $P = 9.8\,QH^2\eta$〔kW〕
> 4. $P = 9.8\,Q^2H^2\eta$〔kW〕

［解答］　発電機出力は，水量，落差，効率に比例する．→ **1**

1･3 3. 汽力発電

(1) 熱サイクル

火力発電には汽力発電と内燃力発電がある．内燃力発電は，内燃機関（燃焼室内でガソリン，重油などの燃料を燃焼させて機械エネルギーを得る）により発電機を駆動する．一般に火力発電所は汽力発電所を意味する．

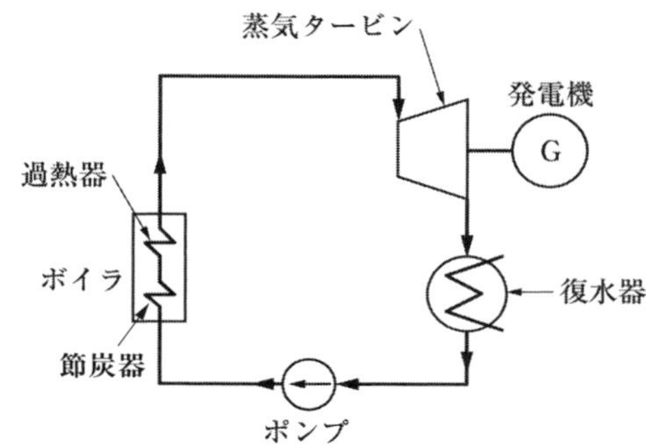

(2) 熱効率

汽力発電の熱効率を良くするには次の方法がある．

① 再生サイクルや再熱サイクルを採用する．
② 復水器の真空度を高くする（圧力を低くする）．
③ タービン入口の蒸気の圧力を高くする．
④ タービン入口の蒸気温度を高くする．
⑤ ボイラ用空気を排ガスで予熱する．
⑥ 節炭器（給水を加熱）を設置する．

(3) 強制循環ボイラ

水を蒸気にするボイラの循環図である．

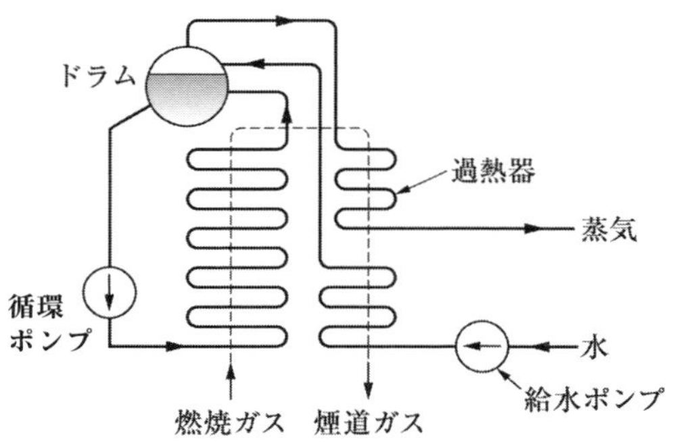

(4)　機　器

大気汚染を軽減する機器，装置は次のとおり．

①　脱硫装置

②　脱硝装置

③　集じん器（電気集じん機・サイクロン集じん機など）

※　脱気器，微粉炭機，空気予熱器は目的が異なる．

問題 1　汽力発電所の熱効率の向上対策として，不適当なものはどれか．

1. 再生サイクルを採用する．
2. 復水器の真空度を高くする．
3. タービン入口の蒸気の圧力を低くする．
4. ボイラ用空気を排ガスで予熱する．

[解答]　タービン入口の蒸気の圧力を高くする．→ **3**

問題 2　火力発電所の燃焼ガスによる大気汚染を軽減するために用いられる機器または装置として，最も不適当なものはどれか．

1. 脱硫装置
2. 空気予熱器
3. 電気集じん器
4. 脱硝装置

[解答]　空気予熱器は，ボイラの煙道ガスの余熱を利用して供給空気を加熱する装置．→ **2**

1·3　4. 変電所

(1)　機　能

① 送配電電圧の昇圧または降圧を行う.

② 送配電系統の切換えを行い，電力の流れを調整する.

③ 送配電系統の無効電力の調整を行う.

④ 事故が発生した送配電線を電力系統から切り離す.

(2)　調　相

調相とは，無効電力を調整すること．位相を進ませたり，遅らせたりする．調相設備として次の機器がある.

① 電力用コンデンサ

遅れ電流のとき，進ませる.

② 分路リアクトル

進み電流のとき，遅らせる.

③ 同期調相機（無負荷の同期電動機）

進み，遅れのどちらにも使用できる.

調相の効果は，次のとおり.

a. 電圧変動の抑制

b. 送電電力の増加

c. 送電損失の軽減

問題　変電所の機能に関する記述として，最も不適当なものはどれか.

1. 事故が発生した送配電線を電力系統から切り離す.
2. 送配電系統の切換えを行い，電力の流れを調整する.
3. 送配電系統の無効電力の調整を行う.
4. 送配電系統の周波数が一定になるように制御する.

[解答]　周波数が一定になるようには制御できない．→ **4**

1・4　1. 架空送電線

(1)　ねん架

電線を捻(ひね)ることで，各相のインダクタンスや静電容量を平衡させるのが目的．

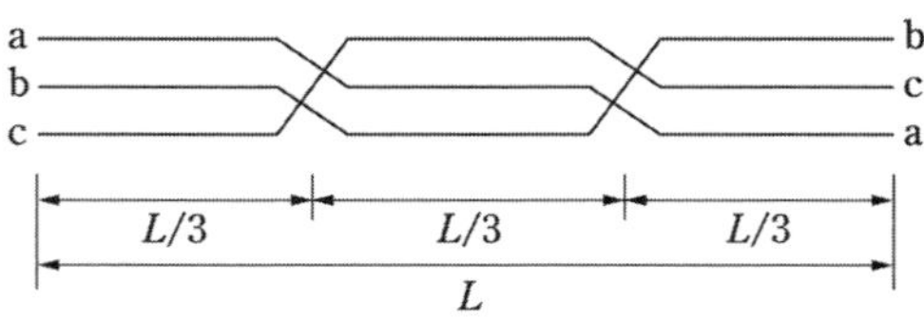

Point　捻(ねん)架は捻(ひね)ることで平衡化（各相のバランス）する．

(2)　コロナ

コロナとは，架空電線の周囲の空気に絶縁破壊が起こり，放電する現象である．夜間などに青白い光となって放電する．

① 電力損失が発生する．
② コロナ騒音が発生する．
③ ラジオ受信障害が発生する．
④ 送電電圧が高いと発生しやすい．
⑤ 雨天時に発生しやすい．

高電圧の架空電線
コロナ

コロナ対策は，

① 外径の大きい電線を用いる．
② 単導体より多導体にする．
③ がいし装置に遮へい環を設ける．

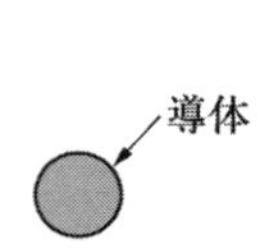

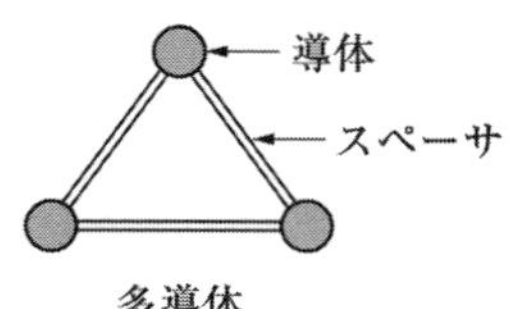

Point　電線のねん架を行ってもコロナ対策にはならない．

(3)　振　動

架空電線の振動には次のものがある．

① サブスパン振動

風速 10 m/s 以上になると電線が振動する現象．多導体電線に特有の振動．

② スリートジャンプ

送電線に付着した氷雪が，脱落時にその反動で電線が跳ね上がる現象．

③ ギャロッピング

送電線に付着した氷雪の断面が非対称になり，風が当たると揚力を生じ，振動する現象．振幅は 10 m になることがある．

④ 微風振動

送電線に直角にゆるやかで一様な風が吹くと，電線背後にカルマン渦が生じて鉛直（縦）方向に交番振動となる．その周波数が電線の固有振動に等しくなると，共振して跳ね上がる．

⑤ コロナ振動

コロナ現象による振動．

問題 1　架空送電線路のねん架の目的として，適当なものはどれか．

1. 電線の振動エネルギーを吸収する．
2. 雷の異常電圧から電線を保護する．
3. 電線に加わる風圧荷重を低減させる．
4. 各相の作用インダクタンス，作用静電容量を平衡させる．

［解答］ **4**

問題 2　架空送電線に発生する現象として，最も不適当なものはどれか．

1. ギャロッピング
2. コロナ振動
3. 水トリー
4. サブスパン振動

［解答］ 水トリーは，ケーブルの絶縁破壊現象である．→ **3**

1・4　2. 送電線付属品

送電線の付属品には次のようなものがある．

①　アークホーン

雷アーク熱から碍子(がいし)を保護する金具．雷アークをホーン間で起こさせ，熱が碍子に及ばないようにする．

②　ダンパ

微風振動に起因する電線の疲労，損傷などを防止する目的で，電線の振動エネルギーを吸収させるため，電線に取り付けられる．

③　スペーサ

1相に数条（2，4，6条）の電線を使用する多導体方式の場合に，電線間隔を一定に保つためのもの．

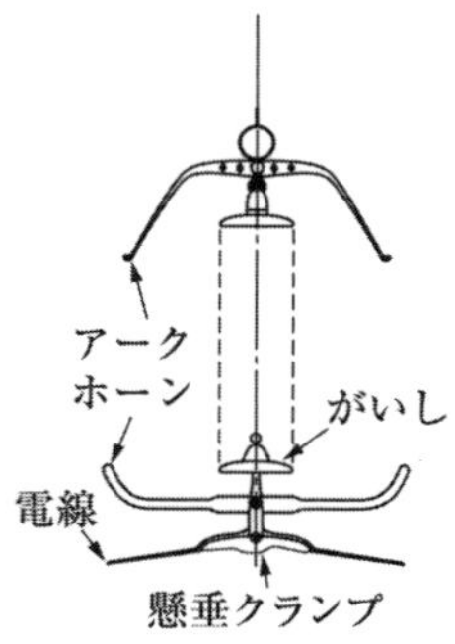

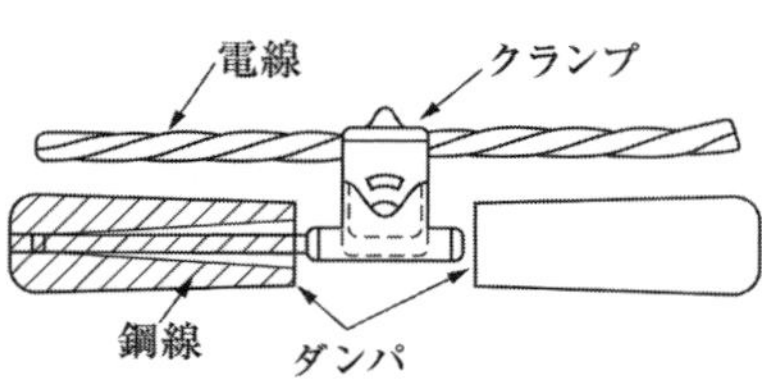

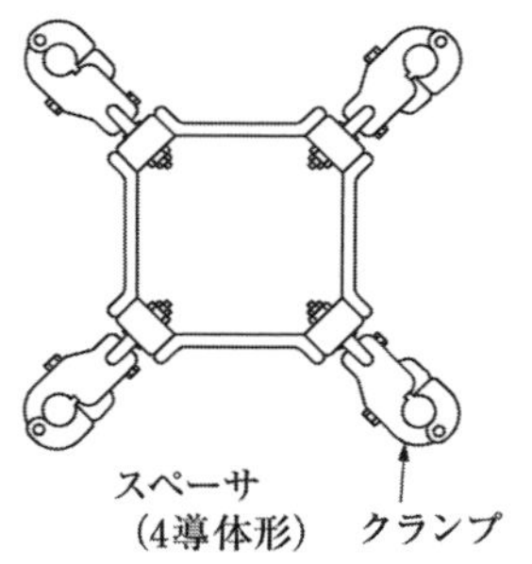

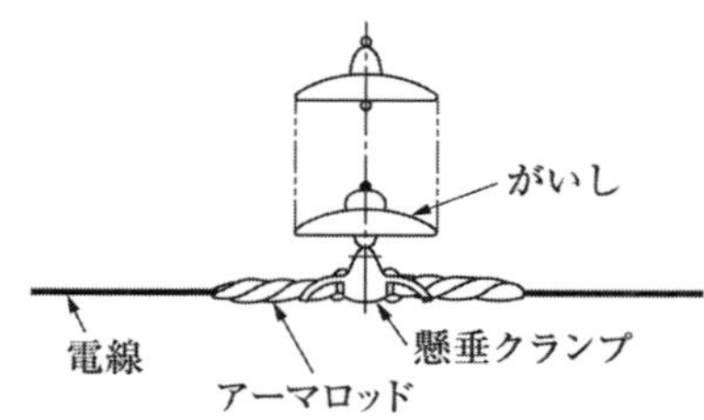

④　**アーマロッド**

懸垂クランプ付近の電線の外周に巻きつけて補強するもので，振動による素線切れなどによる電線の損傷を防止する．

⑤　**スパイラルロッド**

電線に巻き付けて電線表面の風の流れを乱し，風騒音の発生を抑制する．

⑥　**クランプ**

電線を鉄塔に支持するために用いる接続管をいう．

問題 1　架空送電線路に関する次の文章に該当する機材の名称として，適当なものはどれか．

「懸垂クランプ付近の電線の外周に巻きつけて補強するもので，振動による電線の素線切れなどを防止する．」

1. スパイラルロッド
2. アーマロッド
3. スペーサ
4. ダンパ

［解答］　2

問題 2　架空送電線路に関する次の文章に該当する機材の名称として，最も適当なものはどれか．

「電線に巻き付けることで電線表面の風の流れを乱し，風騒音の発生を抑制する．」

1. スパイラルロッド
2. クランプ
3. アーマロッド
4. スペーサ

［解答］　1

1・4　3. がいし

主な碍子（がいし）は次のとおり．

① ラインポストがいし

鉄構や床面に直立固定する図のような構造で，電線を磁器体頭部に固定して使用する．

② 高圧耐張がいし

高圧架空電線の引き留め部分に用いる．

③ 懸垂がいし

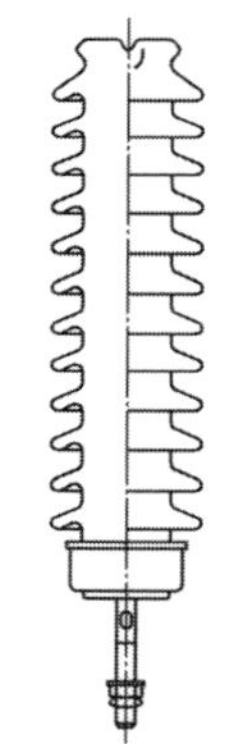
ラインポストがいし

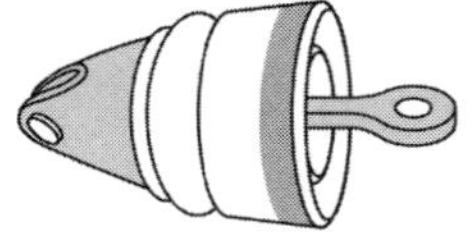
高圧耐張がいし

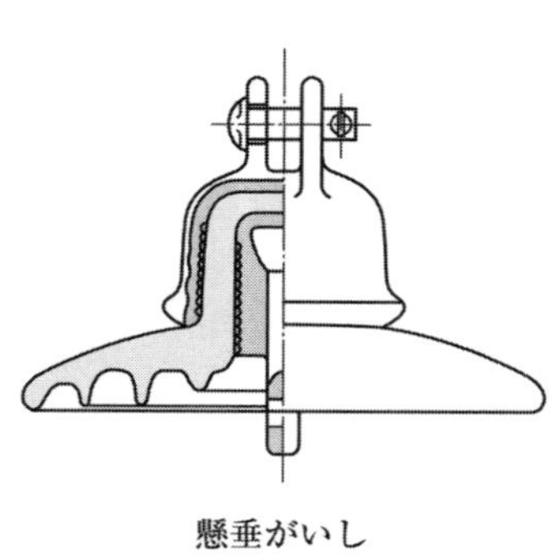
懸垂がいし

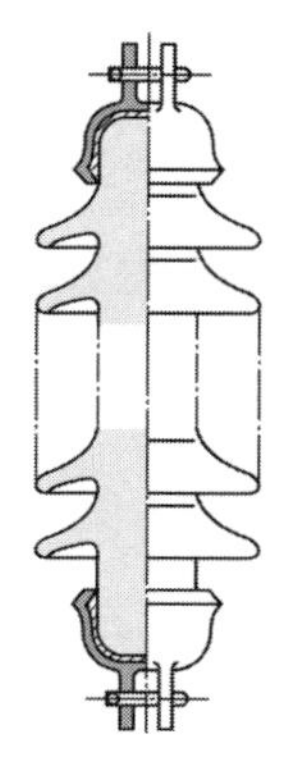
長幹がいし

使用電圧に応じ適当な個数を連結し，がいし連として使用する．

④ 長幹がいし

塩じんによる汚損のおそれがある場所に使用される．

問題 1 架空送配電線路に使用されるがいしに関する記述として，不適当なものはどれか．

1. 長幹がいしは，塩じんによる汚損のおそれがある場所に使用される．
2. 高圧耐張がいしは，高圧架空配電線の引通し部分に使用される．
3. 懸垂がいしは，使用電圧に応じ適当な個数を連結し，がいし連として使用する．
4. ラインポストがいしは，導体を磁器体の頭部の溝に，バインド線で固定する．

［解答］ 高圧耐張がいしは，高圧架空電線の引き留め部分に用いる．→ **2**

問題 2 送電線路に関する次の文章に該当するがいしの名称として，適当なものはどれか．

「鉄構や床面に直立固定する図のような構造で，電線を磁器体頭部に固定して使用する．」

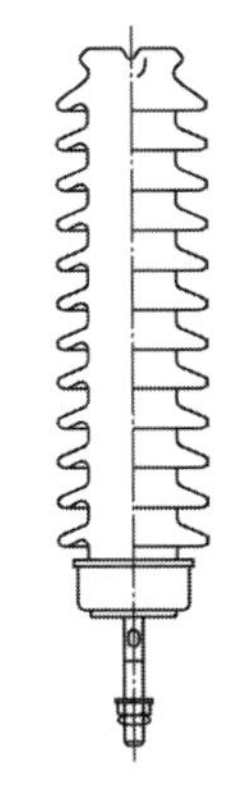

1. 懸垂がいし
2. 長幹がいし
3. ラインポストがいし
4. スモッグがいし

［解答］ **3**

1・4　4. 塩　害

塩害とは，海からの潮風による絶縁劣化をいう．架空送電線の塩害を防止する方法は次のとおりである．

① 長幹がいしやスモッグがいしを採用する．
② 懸垂がいしの連結個数を増加する．
③ 活線洗浄や停電洗浄によって，がいしを洗浄する．
④ がいしの表面にシリコンコンパウンドを塗布する．

Point　アークホーン，アーマロッドを取り付けるのは塩害対策とは無関係．塩害防止対策は，令和2年度の実地試験でも出題．

問題 1　架空送電線路の塩害対策に関する記述として，不適当なものはどれか．

1. がいしの連結個数を増加する．
2. がいしにアークホーンを取り付ける．
3. 長幹がいしやスモッグがいしを採用する．
4. がいしにシリコンコンパウンドを塗布する．

[解答]　スモッグがいしは耐霧がいしのこと．アークホーンは，雷によるアーク熱を防止するもの．→ **2**

問題 2　架空送電線路の塩害対策に関する記述として，不適当なものはどれか．

1. 活線洗浄や停電洗浄によって，がいしを洗浄する．
2. シリコンコンパウンドをがいしに塗布する．
3. アーマロッドを取り付ける．
4. 懸垂がいしの連結個数を増やす．

[解答]　アーマロッドは，懸垂クランプ付近の電線の外周に巻きつけて補強するもの．→ **3**

1·4　5. 雷　害

(1)　屋外変電所の雷害対策

次のような対策がある.

① 屋外鉄構の上部に，架空地線を設ける.

② 避雷器を架空電線の電路の引込口および引出口に設ける.

③ 避雷器の接地は，A 種接地工事とする.

④ 変電所の接地に，メッシュ方式を採用する.

(2)　建物の雷保護

雷保護の用語は次のとおり.

用　語	意　味
保護レベル	建物の用途，重要度によりレベルⅠ（重要度高い）〜Ⅳまである
回転球体法	雷撃距離を半径とした球体を考えて雷保護する方法
突　針	避雷針の先端部
保護角	避雷針で保護できる角度
水平導体	水平に張る導体
メッシュ導体	網目状の導体
接地棒	アース棒

問題　屋外変電所の雷害対策に関する記述として，最も不適当なものはどれか.

1. 変電所の接地に，メッシュ方式を採用する.
2. 屋外鉄構の上部に，架空地線を設ける.
3. 避雷器の接地は，C 種接地工事とする.
4. 避雷器を架空電線の電路の引込口及び引出口に設ける.

[解答]　避雷器の接地は，A 種接地工事とする. → **3**

1・4　6. 中性点接地方式

(1)　中性点接地の目的

① 地絡事故時の異常電圧抑制．

② 地絡事故時の継電器動作を確実にする．

③ 健全相の電位上昇の抑制．

※ 健全相とは，地絡事故を起こしていない相のこと．

(2)　接地方法

接地方法は次のとおり．地絡電流が小さい順．

① 消弧リアクトル接地

こう長が長い大規模系統で，地絡電流は最も小さい．

② 非接地

接地しない．高圧配電線路で最も多く採用されている．

③ 抵抗接地

100〜1 000 Ω の抵抗を通して接地．

④ 直接接地

地絡電流は最も大きく，通信線への電磁誘導障害が発生する．

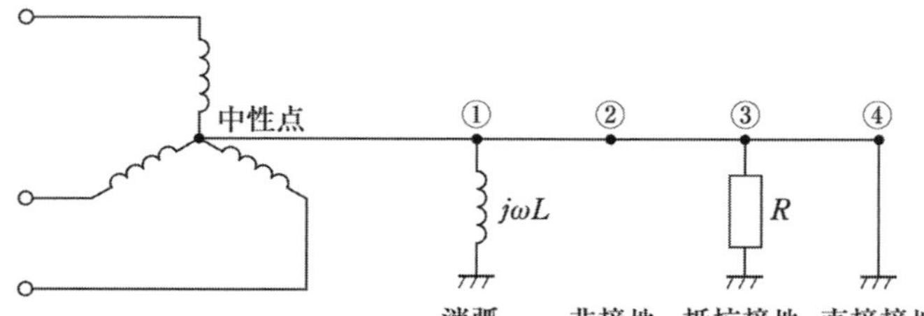

Super 気楽でしょう，証拠無き手帳

地絡　　消弧　非接地　抵抗接地　直接接地

Point　健全相への電位上昇の小さい順は④→①　つまり，直接接地が異常電圧発生を抑えることができ，機器や線路の絶縁設計を軽減できる．

問題 1　高圧配電線路で最も多く採用されている中性点接地方式として，適当なものはどれか．

1. 非接地方式
2. 低抵抗接地方式
3. 高抵抗接地方式
4. 消弧リアクトル接地方式

［解答］　1

問題 2　変電所における次の記述に該当する中性点接地方式として，適当なものはどれか．

「電線路や変圧器の絶縁を軽減できるが，地路電流が大きくなり，通信線への誘導障害が発生する欠点がある．」

1. 非接地方式
2. 直接接地方式
3. 高抵抗接地方式
4. 消弧リアクトル接地方式

［解答］　2

1・4　7. 需要率と負荷率

(1)　需要率

需要率は，次の式で定義される．

需要率＝最大需要電力〔kW〕/設備容量の和〔kW〕×100〔%〕

Super 要 は 大 き な 需 要

設備容量の和　最大需要電力

【例題】　ある工場で，照明負荷 50〔kW〕，モーター 120〔kW〕，その他 30〔kW〕で，最大需要電力が 140〔kW〕のとき，需要率はいくらか．

(答)　140/(50＋120＋30)＝0.7 → 70%

(2)　負荷率

負荷率は，次の式で定義される．

負荷率＝平均電力〔kW〕/最大電力〔kW〕×100〔%〕

Super 風変わりな人はサイダーで平気で酔う

負荷率　最大電力　平均電力

【例題】　図に示す日負荷曲線の日負荷率を求めよ．

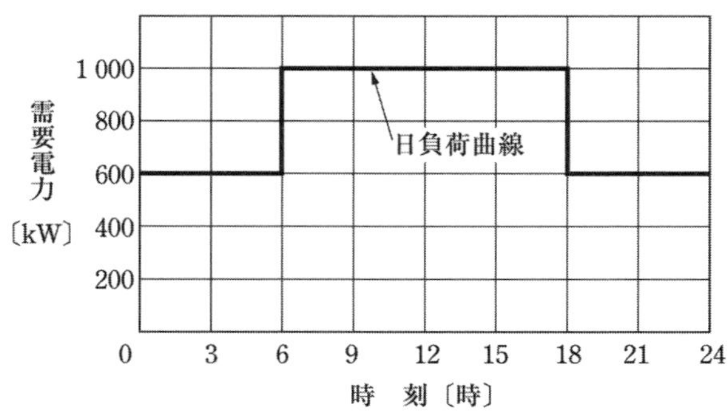

（答）　最大電力は 1 000〔kW〕，平均電力は，600〔kW〕と 1 000〔kW〕が同時間なので，800〔kW〕である．よって，日負荷率は 800/1 000 = 0.8 = 80%

問題 1　配電系統の需要諸係数に関する用語として，次の計算により求められるものはどれか．

$$\frac{\text{最大需要電力〔kW〕}}{\text{設備容量〔kW〕}} \times 100\text{〔\%〕}$$

1. 需要率
2. 不等率
3. 負荷率
4. 利用率

［解答］　**1**

問題 2　図に示す日負荷曲線の日負荷率として，適当なものはどれか．

1. 60%
2. 70%
3. 80%
4. 90%

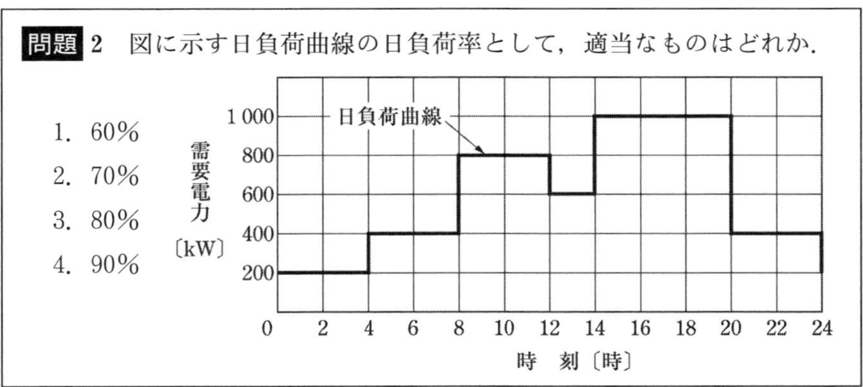

［解答］　最大電力 = 1 000〔kW〕，平均電力 =（200× 4 +400×4+800×4+600×2+1 000×6+400×4）÷24 = 600 kW

600÷1 000 = 0.6 = 60%　→ **1**

1・4　8. 電圧降下

(1)　単相2線式の電圧降下

単相2線式の電圧降下 v〔V〕は,

$$v = 2I(R\cos\theta + X\sin\theta)\ \text{〔V〕}$$

R：1線当たりの抵抗〔Ω〕　X：1線当たりのリアクタンス〔Ω〕

$\cos\theta$：負荷の力率　$\sin\theta$：負荷の無効率　I：線電流〔A〕

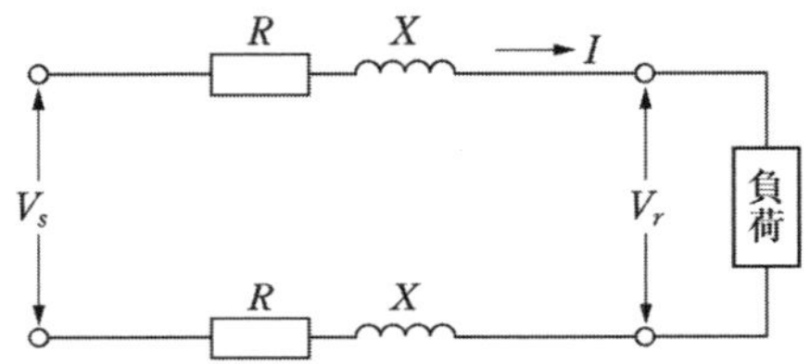

Super　似合いのカップルでかっこつけ歩こうえっさ

2I　（　）　R cos　X sin

(2)　三相3線式の電圧降下

$$v = \sqrt{3}I(R\cos\theta + X\sin\theta)\ \text{〔V〕}$$

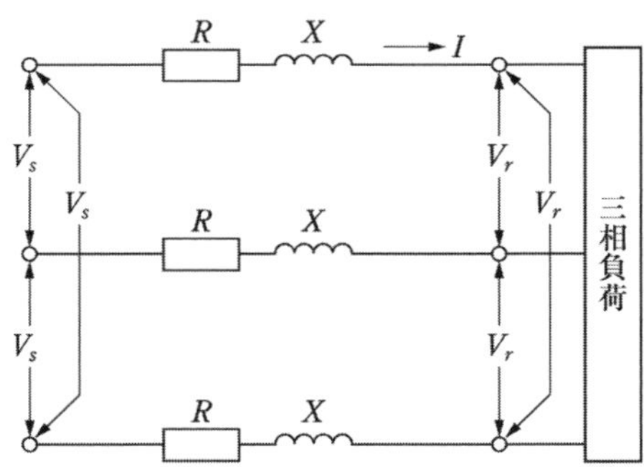

Super　るみと会い，かっこつけ歩こうえっさ

$\sqrt{3}$　I　（　）　R cos　X sin

Point 公式を丸暗記する．単相2線は「2」，三相3線は「$\sqrt{3}$」に注目．

問題 図に示す単相2線式配電線路の送電端電圧 V_s〔V〕と受電端電圧 V_r〔V〕の間の電圧降下 v〔V〕を表す簡略式として，正しいものはどれか．

ただし，各記号は，次のとおりとする．

R：1線当たりの抵抗〔Ω〕

X：1線当たりのリアクタンス〔Ω〕

$\cos\theta$：負荷の力率

$\sin\theta$：負荷の無効率

I：線電流〔A〕

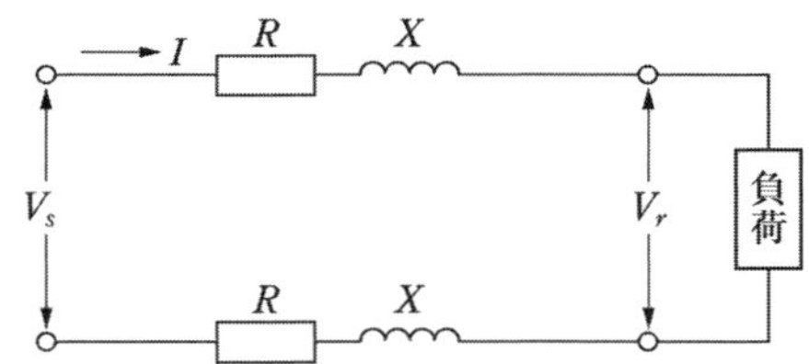

1. $v = 2I(R\cos\theta + X\sin\theta)$〔V〕
2. $v = 2I(X\cos\theta + R\sin\theta)$〔V〕
3. $v = I(R\cos\theta + X\sin\theta)$〔V〕
4. $v = I(X\cos\theta + R\sin\theta)$〔V〕

［解答］ 1

1・4　9. 配電線と用途

(1)　電線の種類

①　低圧用

DV　……低圧引込用ビニル絶縁電線

OW　……屋外用ビニル絶縁電線

CV　……架橋ポリエチレン絶縁ビニルシースケーブル

GV　……接地用電線

②　高圧用

OE　……屋外用ポリエチレン絶縁電線

OC　……屋外用架橋ポリエチレン絶縁電線

PDC……引下用絶縁電線

Point　屋外用には O (Outdoor) が付いている.

(2)　電線の太さ

電線の太さを決める場合，次のことを検討する.

①　許容電流（細いと小さい，放熱性が悪いと小さい）

②　電圧降下（長いと大きい）

③　機械的強度

問題　配電線路に用いられる電線（記号）と主な用途の組合せとして，最も不適当なものはどれか.

	電線（記号）	主な用途
1.	PDC	高圧引下用
2.	OW	低圧架空配電用
3.	OC	高圧架空配電用
4.	DV	高圧架空引込用

[解答]　DV は，低圧引込用ビニル絶縁電線である. → **4**

1・4　10. 電磁誘導障害の低減対策

電磁誘導障害を軽減するための対策は次のとおり．

① 送電線と通信線の離隔距離を大きくする．

② 送電線と通信線の間に遮へい線を設ける．

③ 導電率の良い（抵抗率の低い）架空地線を設置する．

④ 遮へい層付の通信ケーブルを使用する．

⑤ 故障回線を迅速に遮断する．

⑥ 架空地線に導電率のよい材料を使用する．

⑦ 送電線の中性点の接地抵抗値を大きくする．

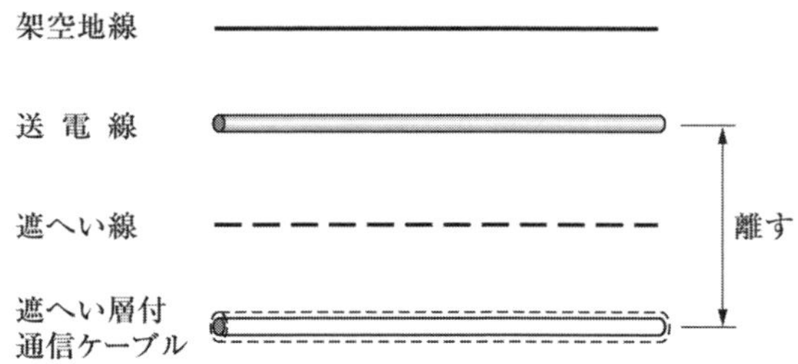

Point　送電線の中性点の接地抵抗を小さくしたり，直接接地をすることは，電磁誘導障害を軽減するための対策にはならない．

問題　架空送電線が通信線に及ぼす電磁誘導障害を軽減するための対策として，最も不適当なものはどれか．

1. 故障回線を迅速に遮断する．
2. 送電線と通信線の離隔距離を大きくする．
3. 架空地線に抵抗率の低い材料を使用する．
4. 中性点接地方式として直接接地方式を採用する．

[解答]　4

1・4　11. 配電系統

(1)　ループ方式

高圧配電系統におけるループ方式の特徴は次のとおり.

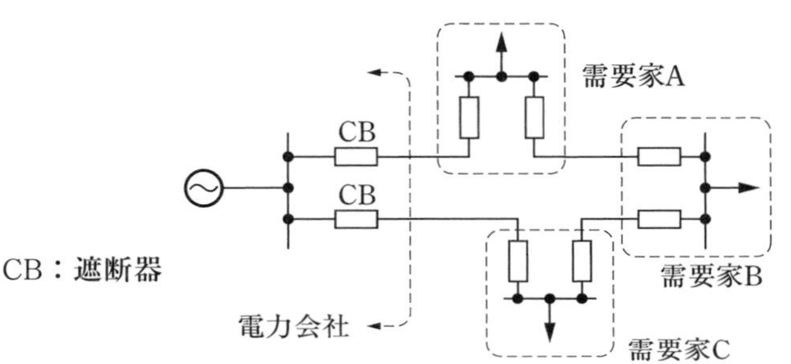

① 幹線を環状にし，電力を2方向より供給する方式である.

② 事故時にその区間を切り離すことにより，他の健全区間に供給できる.

③ 樹枝状方式に比べて，電力の需要密度の高い地域に適している.

④ 樹枝状方式に比べて，供給信頼度が高い.

※　樹枝状方式は樹枝状に配電する方式

Point　ループ方式は，樹枝状方式に比べて，需要密度の高い地域に適している．低い地域ではない.

問題　高圧配電系統におけるループ方式に関する記述として，最も不適当なものはどれか.

1. 幹線を環状にし，電力を2方向より供給する方式である.
2. 樹枝状方式に比べて，需要密度の低い地域に適している.
3. 樹枝状方式に比べて，供給信頼度が高い.
4. 事故時にその区間を切り離すことにより，他の健全区間に供給できる.

[解答]　ループ方式は電力の需要密度の高い地域に適している．→ **2**

1・4　12. 電線のたるみ

架空送電線路における電線のたるみ D〔m〕と，径間（電柱間）の電線の長さ L〔m〕は次の式で表される．

$$D = \frac{WS^2}{8T}\text{〔m〕} \qquad L = S + \frac{8D^2}{3S}\text{〔m〕}$$

ただし，電線の支持点は同一水平線上にあるものとし，D：電線のたるみ〔m〕，W：電線の単位長さ当たりの重量〔N/m〕，S：径間〔m〕，T：電線の水平張力〔N〕とする．

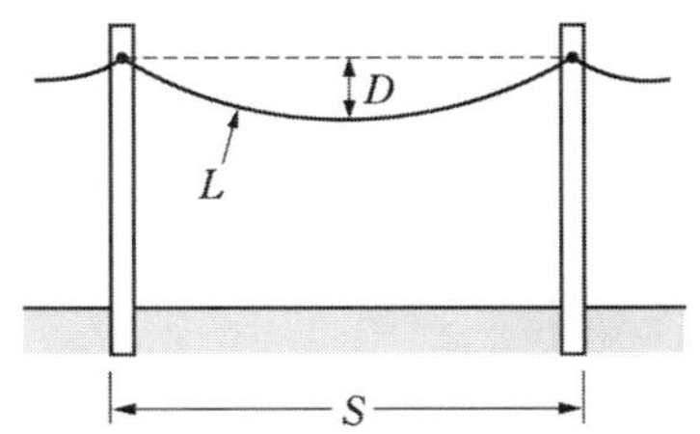

Super　ハトがワイヤに鈴なり

8 T　　W　　S^2

Super　ミスを派手に叱咤（しった）した

$3S$　　$8D^2$　　$S+$

問題　架空送電線の電線のたるみの近似値 D〔m〕を求める式として，正しいものはどれか．

ただし，各記号は次のとおりとし，電線支持点の高低差はないものとする．

S：径間〔m〕

T：最低点の電線の水平張力〔N〕

W：電線の単位長さ当たりの重量〔N/m〕

1. $D = \dfrac{WS^2}{8T^2}$〔m〕
2. $D = \dfrac{SW^2}{8T^2}$〔m〕
3. $D = \dfrac{WS^2}{8T}$〔m〕
4. $D = \dfrac{SW^2}{8T}$〔m〕

［解答］　**3**

1・4　13. 高圧架空配電線

(1)　施　工

①　延線中に電線が腕金にこすれて傷がつかないように，延線ローラを取り付ける．

②　高圧電線は，圧縮スリーブを使用して接続する．

③　接続部の絶縁処理は，絶縁電線と同等以上の絶縁効果を有する絶縁カバーで被覆する．

④　延線した高圧電線は，張線器で引張り，たるみを調整する．

⑤　分岐接続は，分岐点において電線に張力が加わらないように支持点で行う．

⑥　電圧種別の異なる架空電線を併架する場合，別の腕金を使用し，電圧の高いものを上部に施設する．

(2)　機　材

高圧架空電線路に用いられる機材の例．

①　パンザーマスト

②　鉄筋コンクリート柱

③　気中開閉器

④　屋外用架橋ポリエチレン絶縁電線

⑤　アームタイ

⑥　高圧ピンがいし

Point　パッドマウント変圧器は高圧架空配電線路には使用されない．

問題　架空配電線路の支持物に取り付けるものとして，不適当なものはどれか．

1. アームタイ　　　2. 高圧耐張がいし
3. 低圧開閉器　　　4. パッドマウント変圧器

[解答]　パッドマウント変圧器は，変圧器と配電盤を一体化したもの．→ **4**

1･4　14. 供給電圧

(1)　維持すべき電圧

一般送配電事業者が維持すべき電圧は，電気事業法により定められている.

①　100 V → 101±6 (95〜107 V)

②　200 V → 202±20 (182〜222 V)

Super 純　一　郎
101　6

Super 仁王に連れ
202　20

(2)　電圧降下

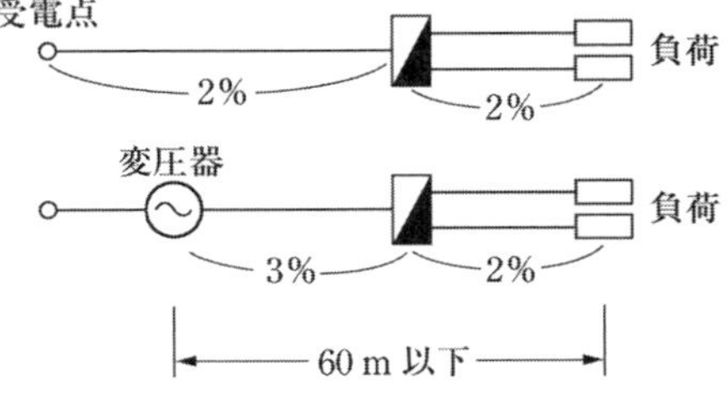

低圧配線中の電圧降下は下記のとおりである.

①　幹線及び分岐回路において，それぞれ標準電圧の 2%以下.

②　電気使用場所内の変圧器より最遠端負荷までのこう長が60 m 以下の場合，幹線の電圧降下は 3%以下.

> **問題**　電気事業者が供給する電気の電圧に関する次の文章中，［　　］に当てはまる数値として，「電気事業法」上，定められているものはいくらか.
>
> ただし，卸電気事業者及び特定規模電気事業者を除く.
>
> 「標準電圧 200 V の電気を供給する場所において，供給する電気の電圧の値は，202 V の上下［　　］V を超えない値に維持するように努めなければならない.」

［解答］　**20**

1・5　1. 高圧受電設備その１

高圧受電設備の概要は図のとおりである．

高圧とは，交流の場合，600〔V〕を超え，7 000〔V〕以下の電圧をいう．

一般に，高圧受電設備は，公称電圧 6 600〔V〕で電力事業者から受電し，低圧（200〔V〕，100〔V〕）に変換して使用する．

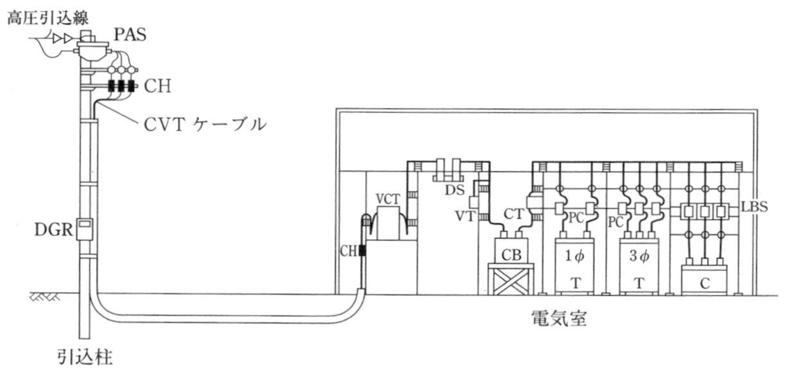

① 電気事業者から高圧架空電線を引き込む．

② 引込柱には PAS（高圧気中負荷開閉器）と DGR（方向性地絡継電器）を設ける．

③ 高圧ケーブルは CVT とし，地中埋設配管にて電気室へ引き込む．

④ VCT（電力需給用計器用変成器）は電力量を計測する元となる機器である．Wh（電力量計）へと配線されて，その指示値により電気料金が請求される．　※ Wh は図中省略．

⑤ DS（断路器）を経て CB（高圧遮断器）へ．

⑥ 単相，三相変圧器で低圧に変圧し，負荷へ電源供給する．

Point　VCT，Wh は電気事業者の所有であり，電気工作物の設置者がスペースを確保する．

問題　上の図で，短絡電流を遮断することができる機器名は何か．

［解答］ **CB（高圧遮断器）**

1•5　2. 高圧受電設備その2

(1)　系統図

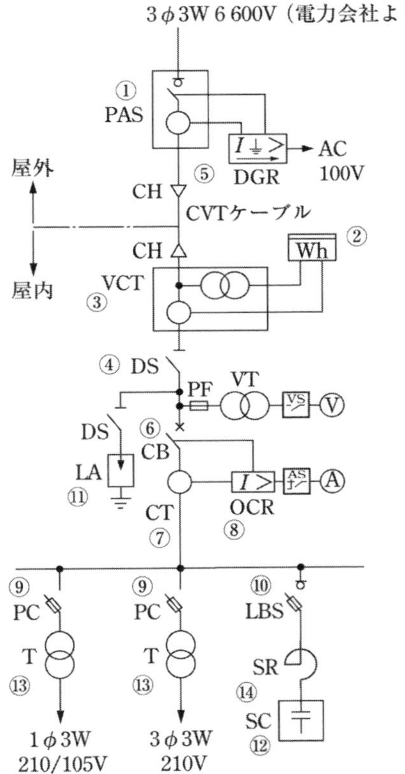

(2)　主要機器

① **高圧気中負荷開閉器（PAS：**Pole Air Switch）

通称PAS（パス）引込柱に設置して，高圧地絡事故を感知すると開閉器にて遮断し，高圧配電線への波及事故を防止する．短絡電流は遮断できない．

※　ガス入りは **PGS**（G = Gas）

② **積算電力量計（Wh：**Watt hour）

需要家が使用した電力量を表示する計器．電力会社が設置する．

③　**電力需給用計器用変成器**（**VCT**：Voltage & Current Transformer）

需要家が使用した電気量を積算する元になる機器（VT，CT）からなる．電力会社が設置する．

④　**断路器**（**DS**：Disconnecting Switch）

遮断器の一次側に設置され，無負荷の回路を開閉する．負荷電流が流れているときは，回路を開閉できない．

⑤　**地絡継電器**（**GR**：Ground Relay）

零相変流器（零相電流＝地絡電流を検出する）と組み合わせて，高圧電路や高圧機器の地絡保護を目的としたリレー．

他需要家からのもらい事故を防止した，方向性地絡継電器（DGR）が多く使われる．

※　もらい事故とは，他の需要家の電気事故により，自分の電気工作物が悪影響を受ける事故．

⑥　**遮断器**（**CB**：Circuit Breaker）

高圧の負荷電流の他，地絡，短絡などの故障時の電流も遮断できる．

真空遮断器（VCB），ガス遮断器（GCB）などがある．

⑦　**変流器**（**CT**：Current Transformer）

高圧や低圧の大電流を小電流に変える．

⑧　**過電流継電器**（**OCR**：Over Current Relay）

高圧電路の過負荷保護，短絡保護を目的としたリレー．

⑨　**高圧カットアウト**（**PC**：Primary Cutout）

受変電設備の各機器の開閉器として使用する．

⑩　**負荷開閉器**（**LBS**：Load Break Switch）

高圧負荷電流の開閉や，容量の大きいコンデンサ，変圧器の開閉用に用いられる．負荷電流は遮断できるが，短絡電流は遮断できない．ただし，限流ヒューズ（PF）にすると，短絡電流が遮断できる．

⑪　**避雷器**（**LA**：Lightning Arrester）

雷および開閉による異常電圧に対し，大地に放電し機器の絶縁を保つ．

⑫　**高圧進相用コンデンサ（SC**：Static Capacitor）

無効電力を補償し，力率改善する目的で設置する．

コンデンサの開閉用として，高圧真空電磁接触器（VMC）を用いることがある．

⑬　**変圧器（T**：Transformer）

電圧を変換する機器で，主に 単相変圧器（電灯コンセント用），三相変圧器（動力用）に分類される．

⑭　**直列リアクトル（SR**：Series Reactor）

コンデンサ投入時の突入電流抑制，電圧波形の改善などを行う．

問題 1　負荷電流が流れているとき開閉できない機器はどれか．

1. PAS
2. DS
3. CB
4. LBS

［解答］　断路器（DS）は，負荷が接続され，負荷電流が流れているときには開閉できない．→ **2**

問題 2　雷害から高圧機器を保護する機器はどれか．

1. GR
2. CT
3. LA
4. SR

［解答］　避雷器（LA）である　→ **3**

1・5　3. 機器と図記号その1

名　称	記　号	図記号 単線図
高圧気中負荷 開閉器	PAS (Pole Air Switch)	GR付 DGR付
〔機能・用途〕 通称 PAS（パス）　電力会社からの引き込み1号柱に設置して，高圧地絡事故を感知すると開閉器にて遮断し，高圧配電線への波及事故を防止する． ガス入りは PGS（G = Gas）		
計器用変圧変流器 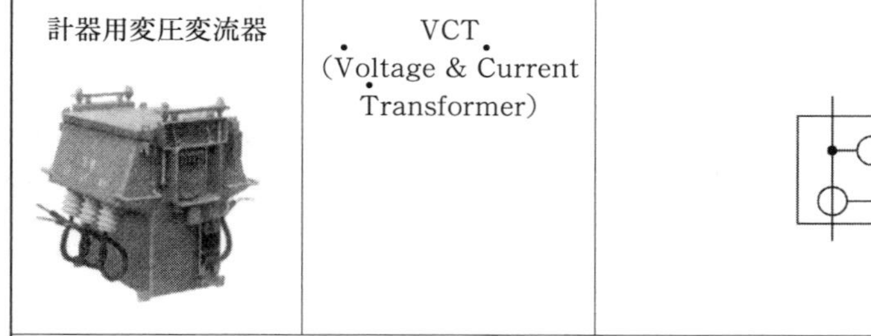	VCT (Voltage & Current Transformer)	
〔機能・用途〕 電気使用量を積算するため，電力会社が設置する． 高圧の電圧・電流を低圧に変えるもので，計器用変圧器（VT）と変流器（CT）が内蔵されている．		

名　　称	記　　号	図　記　号 単　線　図
断路器	DS (Disconnecting Switch)	
〔機能・用途〕 遮断器の一次側に設置され，無負荷の回路を開閉する．開閉は遮断器を切ってから行う．高圧電路，機器の点検・修理を行うときに開閉する．		
高圧交流遮断器 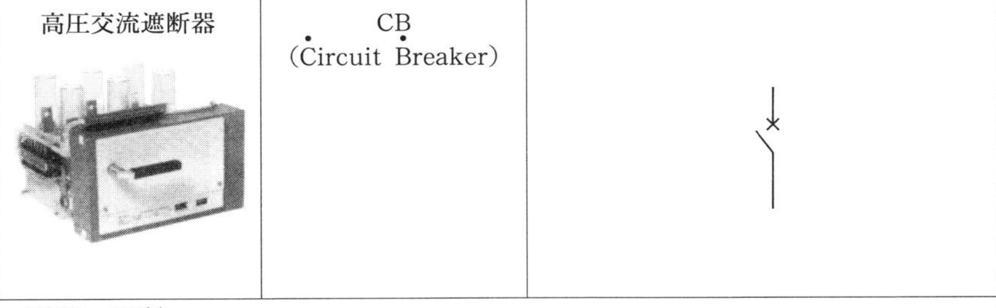	CB (Circuit Breaker)	
〔機能・用途〕 高圧の負荷電流を開閉するもの． 真空遮断器（VCB），ガス遮断器（GCB），磁気遮断器（MBB）などがある．		

問題　引込柱に設置して，波及事故を防止する機器はどれか．

1. PAS
2. VCT
3. OS
4. CB

［解答］　高圧気中負荷開閉器（PAS）である．→ **1**

1•5　4. 機器と図記号その2

名　称	記　号	図記号 単線図
避雷器	LA (Lightning Arrester)	
〔機能・用途〕 雷および開閉による異常電圧に対し，大地に放電し機器の絶縁を保つ装置.		
高圧交流負荷開閉器（限流ヒューズ付） 	LBS (Load Break Switch)	
〔機能・用途〕 高圧負荷電流の開閉や，容量の大きいコンデンサ，変圧器の開閉用に用いられる.		
高圧カットアウト 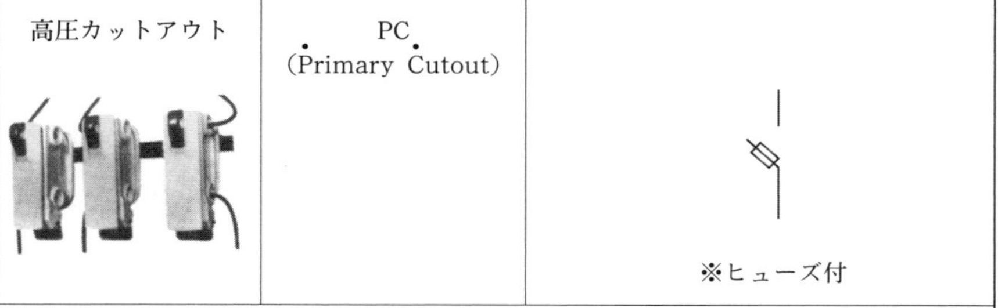	PC (Primary Cutout)	※ヒューズ付
〔機能・用途〕 受変電設備の各機器の開閉器として使用されるとともに，内蔵のヒューズにより，変圧器やコンデンサの短絡保護を行う.		

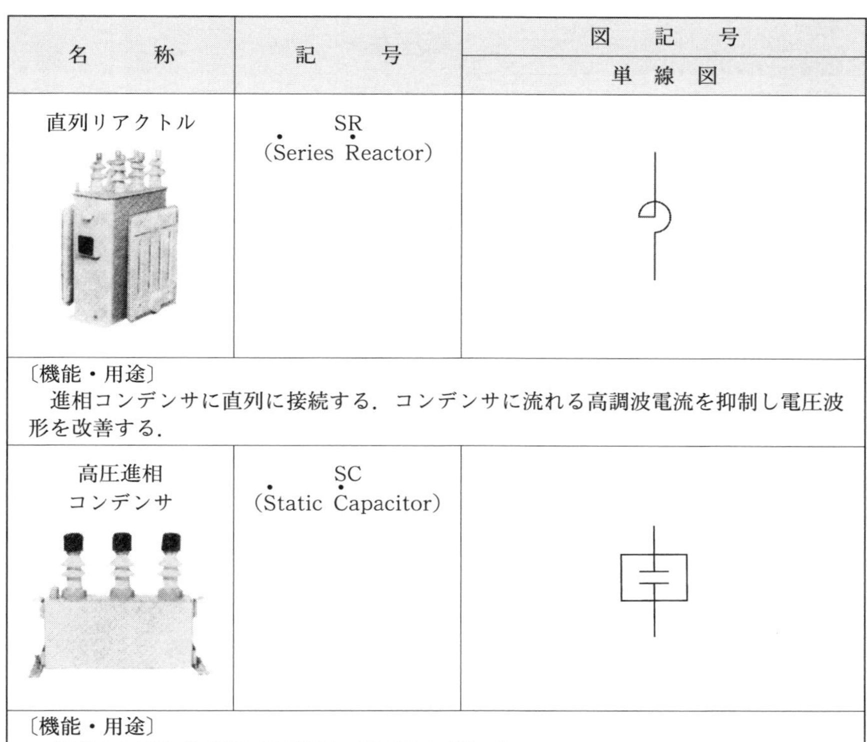

名　　称	記　　号	図記号 単線図
直列リアクトル	SR (Series Reactor)	
〔機能・用途〕 進相コンデンサに直列に接続する．コンデンサに流れる高調波電流を抑制し電圧波形を改善する．		
高圧進相 コンデンサ	SC (Static Capacitor)	
〔機能・用途〕 負荷の力率改善（遅れ無効電力の改善）に用いる．		

Point　進相コンデンサは末端に設置するので，がいしが3個であるが，直列リアクトルは6個ある．

問題　避雷器の接地抵抗値は何Ω以下か．

1. 10Ω
2. 100Ω
3. 300Ω
4. 500Ω

［解答］ A種接地工事なので，10Ω以下．→**1**

1・5　5. 高圧ケーブル

(1)　高圧架橋ポリエチレンケーブル

①　CV ケーブル

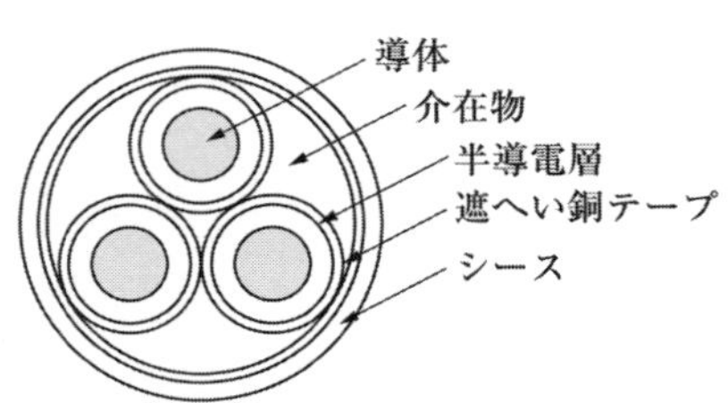

②　CVT ケーブル

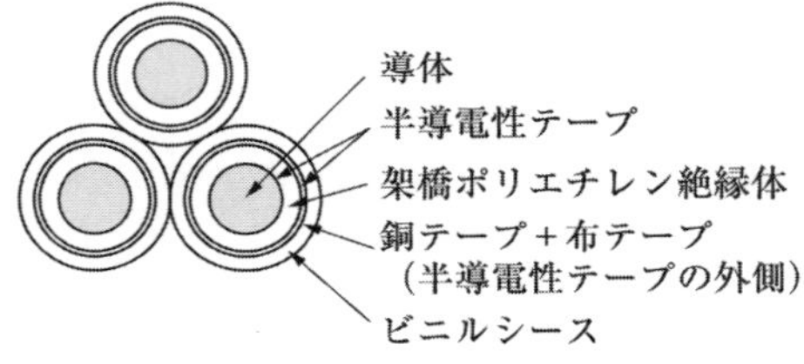

(2)　ケーブルの太さ

太さを決めるとき，次のことを考慮する．

①　負荷容量

②　短絡電流

③　許容電流

④　主遮断装置の種類

問題　高圧電路に使用される高圧ケーブルの太さを選定する際の検討項目として，最も関係のないものはどれか．

1. 負荷容量
2. 短絡電流
3. 地絡電流
4. ケーブルの許容電流

[解答]　地絡電流は小さいので関係ない．→ **3**

1•5　6. 高圧遮断器

(1)　真空遮断器 (VCB)

高真空におけるアークの拡散作用を利用して消弧を行うものであり，アーク電圧が低く電極消耗が少ないため，変電所の低電圧・中容量の遮断器として広く用いられている.

次の特徴がある.

① 高真空状態のバルブの中で接点を開閉する.

② アークによる火災のおそれがない.

③ 負荷電流の開閉を行うことができる.

④ 地絡，短絡などの故障時の電流を遮断することができる.

⑤ 短絡電流を遮断した後も再使用できる.

⑥ 小形，軽量なので段積みが可能である.

Point　遮断器のことをさらに詳しく，高圧遮断器，高圧交流遮断器と称することもある.

(2)　ガス遮断器 (GCB)

絶縁耐力の大きいSF6ガス（六フッ化硫黄ガス）を用いて，アークを消す.高電圧・大容量用として使用され，騒音は小さい.

Point　① CBの頭のVはVacume (真空)，GはGas (ガス)

② CBは高圧遮断器，MCCBは低圧の配線用遮断器

問題　真空遮断器に関する記述として，不適当なものはどれか.

1. 負荷電流の開閉を行うことができる.
2. 地絡，短絡などの故障時の電流を遮断することができる.
3. 短絡電流を遮断した後は再使用できない.
4. 高真空状態のバルブの中で接点を開閉する.

[解答]　短絡電流を遮断した後も繰り返し使用できる. → **3**

1・5　7. 進相コンデンサと直列リアクトル

(1)　進相コンデンサ

次の効果がある．

① 電力損失の低減

② 電圧降下の軽減

③ 無効電流（遅れ電流）の減少

回路電圧 6 600〔V〕で，直列リアクトルと組み合せて用いる三相高圧進相コンデンサの定格電圧は「日本産業規格（JIS)」に定められており，7 020〔V〕である．

(2)　直列リアクトル

リアクトルとは，巻線機器（コイル）である．

進相コンデンサの1次側に設置する機器で，次の効果がある．

① 電圧波形のひずみを軽減する．

② 遮断時の再点弧発生時に電源側のサージ電圧を抑制する．

③ コンデンサ回路に流入する高調波に対して誘導性にする．

Point　直列リアクトルには，コンデンサ開放時の残留電荷を短時間に放電させる能力はない．

問題　進相コンデンサを誘導性負荷に並列に接続して力率を改善した場合，電源側に生ずる効果として，不適当なものはどれか．

1. 電力損失の低減
2. 電圧降下の軽減
3. 無効電流の減少
4. 周波数変動の抑制

［解答］　進相コンデンサに，周波数変動の抑制効果はない．→ **4**

1・5　8. 高圧機器

(1)　電流の種類

① 負荷電流

通常，負荷に流れる電流.

② 過電流

過負荷となり，流れ過ぎの電流.

③ 地絡電流

電線の心線（導体）部から地面に流れる電流.

④ 短絡電流

電線の心線（導体）部どうしが接触して流れる電流．最も大きな電流.

Point　②，③，④は事故電流であり，回路を遮断する必要がある.

(2)　機器と電流

高圧機器	開閉・遮断できる電流	備　考
気中負荷開閉器（PAS）	負荷電流	短絡電流は遮断できない
高圧交流負荷開閉器（LBS）	負荷電流	短絡電流は遮断できない
断路器（DS）	無負荷時の回路	電流が流れているときは開閉できない
限流ヒューズ（PF）	短絡電流	切れたら再使用できない
高圧遮断器（CB）	短絡電流	何回でも使用可能 真空遮断器（VCB）など

Point　① 気中負荷開閉器（PAS）の中に，高圧交流負荷開閉器（LBS）が装備されているので，PAS≒LBS と考えてよい.

② 限流ヒューズは電力ヒューズの一部である.

限流ヒューズ≒電力ヒューズ

(3)　主遮断装置

短絡電流が切れるのは，次の2つである．

①　高圧交流負荷開閉器（LBS）に限流ヒューズ（PF）を装備

LBSで負荷電流，PFで短絡電流を遮断する．LBSとPFを組み合わせたものをPF・Sと表記する．

②　高圧遮断器（CB）

すべての電流遮断が可能．

Point　LBSでは短絡電流は遮断できないが，短絡電流を遮断できるPFを組み込めば可能．

ただし，PFはヒューズなので，切れたら新しいものに交換する必要がある．

問題　高圧電路に使用する機器に関する記述として，不適当なものはどれか．

1. 高圧断路器（DS）は，負荷電流を開閉できる．
2. 高圧交流負荷開閉器（LBS）は，負荷電流を開閉できる．
3. 高圧限流ヒューズ（PF）は，短絡電流を遮断できる．
4. 高圧交流真空遮断器（VCB）は，短絡電流を遮断できる．

［解答］　高圧断路器（DS）は，負荷電流を開閉できない．→**1**

1･5　9. 高圧限流ヒューズ（PF）

(1)　特　徴

① 短絡電流を高速度遮断できる.

② 限流効果が大きい.

③ 小形で遮断電流が大きなものが製品化されている.

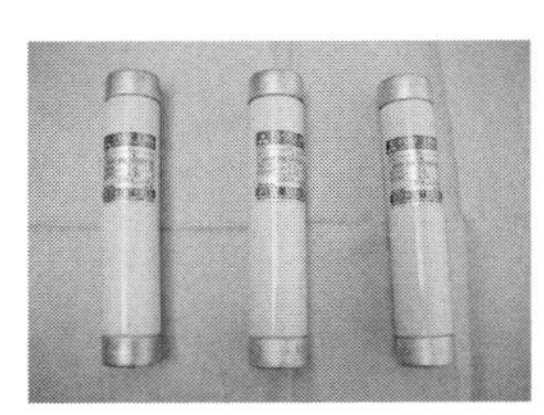

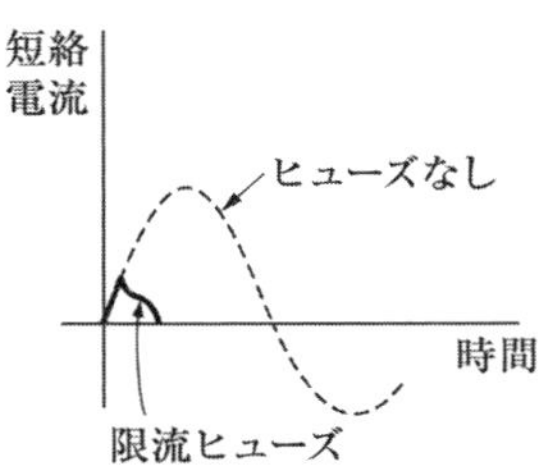

(2)　種　類

高圧限流ヒューズの種類として日本産業規格（JIS）には，次のものが定められている.

①	G（一般用）	G：General
②	T（変圧器用）	T：Trans
③	M（電動機用）	M：Motor
④	C（コンデンサ用）	C：Capacitor

問題　高圧受電設備に用いられる高圧限流ヒューズの種類として,「日本産業規格（JIS）」上，誤っているものはどれか.

1. G（一般用）
2. T（変圧器用）
3. P（電動機用）
4. C（コンデンサ用）

［解答］　電動機用はM　→ **3**

1･5　10. 断路器（DS）

(1)　用　途

受電設備を点検，工事などする際に，開放する設備．負荷電流は切れないので，PAS や高圧遮断器で回路を遮断してから断路器（DS）を開放する．

断路器は露出しており，入り切れの状態が目視で確認できる．

(2)　取付け

断路器の取付けは次のとおり．

① 操作が容易で危険のおそれのない箇所に取り付ける．

② 横向きに取り付けない．

③ ブレード（断路刃）は，開路したとき充電しないよう負荷側とする．

④ 縦に取り付ける場合は，接触子（刃受）が上部になるようにする．

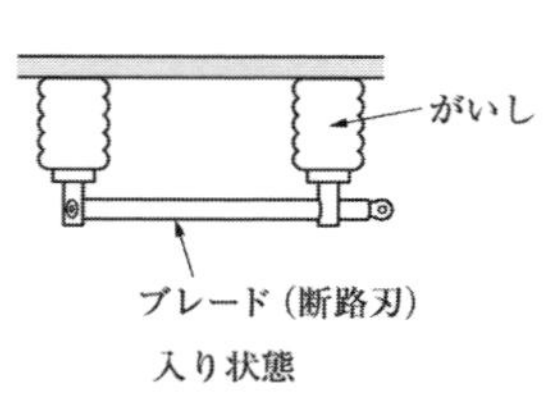

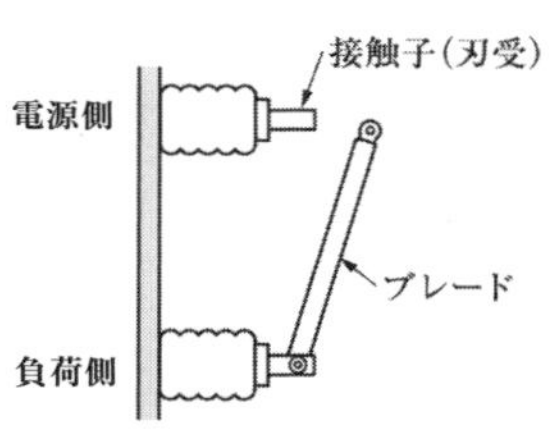

Point　刃受は上部とする．下部にすると開放しても刃の重みにより接触するおそれがある．

問題　高圧受電設備に使用する断路器に関する記述として，最も不適当なものはどれか．ただし，断路器は垂直面に取り付けることとし，切替断路器を除くものとする．

1. 横向きに取り付けない．
2. 操作が容易で危険のおそれのない箇所を選んで取り付ける．
3. 縦に取り付ける場合は，接触子（刃受）が下部になるようにする．
4. ブレード(断路刃)は，開路したときに充電しないよう負荷側とする．

［解答］　接触子（刃受）が上部になるようにする．→ **3**

1･5　11. 計器用変成器

(1)　種　類

①　変流器（CT）

大きな電流を小さな電流に変えるもの．一般に，2 次側電流は 5 A で，たとえば，30/5 のように表記する．

※　1 次側に 30A の電流が流れたとき，2 次側には 5A の電流が流れる．

②　計器用変圧器（VT）

大きな電圧を小さな電圧に変えるもの．6 600 V（1 次側）/110 V（2 次側）

③　計器用変成器（VCT）

変流器（CT）と計器用変圧器（VT）を 1 つにまとめ，外箱などに入れ，結線したもの．（P 64 の写真参照）

CT

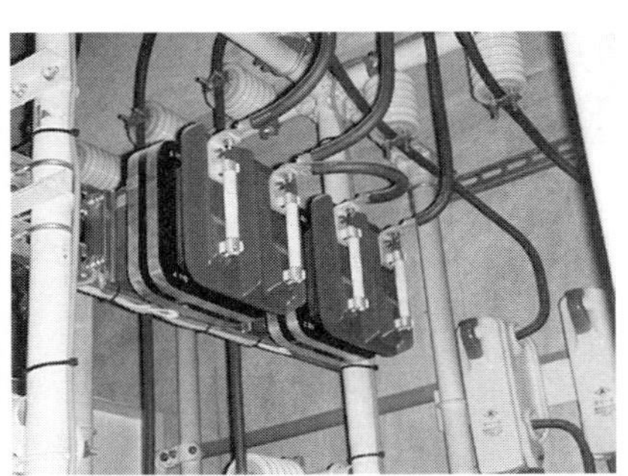

VT

(2)　取扱い

計器用変圧器（VT）は，一次側に電圧をかけた状態で二次側を短絡してはいけない．→開放する

変流器（CT）は，一次側に電流が流れている状態で二次側を開放してはならない．→短絡する

Super　ブティック開いたの知ってたん？

VT　開放　CT　短絡

問題 1　計器用変成器の取扱いに関する次の文章中，［　　］に当てはまる語句の組合せとして，適当なものはどれか．

「計器用変圧器は，一次側に電圧をかけた状態で二次側を［ イ ］してはならず，変流器は，一次側に電流が流れている状態で二次側を［ ロ ］してはならない．」

	イ	ロ
1.	開　放	開　放
2.	開　放	短　絡
3.	短　絡	開　放
4.	短　絡	短　絡

［解答］　計器用変圧器（VT）は開放する（短絡しない）．

変流器（CT）は短絡する（開放しない）．→ **3**

問題 2　高圧受電設備の高圧電路に使用される計器用変成器に関する記述として，不適当なものはどれか．

1. 変流器の略称は VT である．
2. 変流器には，巻線形や貫通形がある．
3. 計器用変圧器には，モールド形が多く用いられる．
4. 計器用変圧変流器は，変流器と計器用変圧器を１つにまとめ，外箱などに入れ，結線したものである．

［解答］　変流器の略称は CT である．VT は計器用変圧器である．→ **1**

1･5　12. キュービクル式高圧受電設備

(1)　特　徴

開放式高圧受電設備と比較して，キュービクル式高圧受電設備は，次の特徴がある．

① 金属製外箱に収納されているので感電の危険性が少ない．

② 設備の占有面積を少なくできる（コンパクト）．

③ 現地における据付けや配線の作業量が削減できる．

④ 変圧器などの大型機器の更新が容易でない．

Point　キュービクル式は内部が狭いので，変圧器などの大型機器の入替は簡単ではない．

(2)　主遮断装置

主遮断装置とは，次の２つをいう．

① 高圧遮断器（CB）

② 限流ヒューズ付き負荷開閉器（PF＋LBS ＝ PF･S）

(3)　自主検査

キュービクル式高圧受電設備の設置後，受電前に行う自主検査で行う項目は次のとおり．

① 接地抵抗測定

② 絶縁抵抗測定

③ 絶縁耐力試験（耐電圧試験）

④ 継電器試験

⑤ インターロック試験

Point　インピーダンス試験，短絡試験，温度上昇試験は行わない．

問題 1　キュービクル式高圧受電設備の主遮断装置に関する記述として，「日本産業規格（JIS）」上，誤っているものはどれか．

1. CB形の主遮断装置として，高圧交流遮断器と過電流継電器を組み合わせた．
2. CB形の過電流の検出には，変流器と過電流継電器を使用した．
3. PF･S形の主遮断装置として，高圧交流負荷開閉器と高圧限流ヒューズを組み合わせた．
4. PF･S形の地絡の保護には，高圧限流ヒューズを使用した．

［解答］　高圧限流ヒューズは短絡の保護（短絡電流を遮断）として用いる．→ **4**

問題 2　キュービクル式高圧受電設備の設置後，受電前に行う自主検査として，一般的には行われないものはどれか．

1. 接地抵抗測定
2. 絶縁抵抗測定
3. インピーダンス試験
4. インターロック試験

［解答］　受電前に行う自主検査では，インピーダンス試験は行わない．→ **3**

1・5　13. 屋内配線

(1)　単相3線式

単相3線式は100/200Vの低圧を供給する.

① 事務所ビルや工場などの照明やコンセント，小形機器への電灯幹線に用いられる.

② 中性線と各電圧側電線間に接続する負荷容量の差は，大きくならないようにする.

③ 中性線にはヒューズを設けない.

※ ヒューズが切れると，100V機器の電圧が上昇するおそれがあるため.

④ 使用電圧（線間電圧）が200Vであっても，対地電圧は100Vである.

※ 下図のエアコン

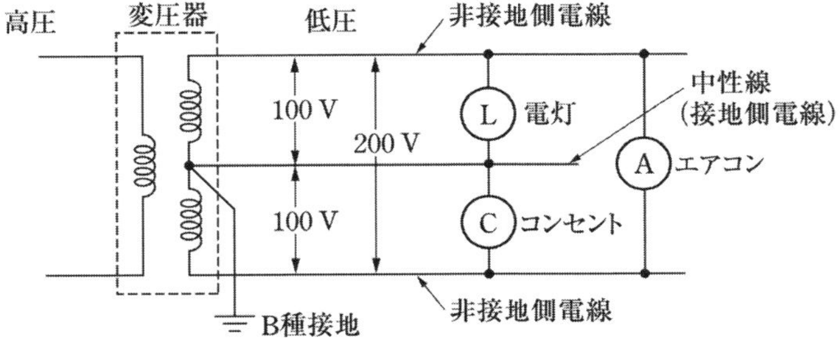

※ 使用電圧は，2本の電線間の線間電圧をいい，対地電圧とは，非接地側電線と大地（中性線）間との電圧をいう.

(2)　電線の太さ

低圧屋内幹線の電線の太さを決定する場合に検討すべき項目は次のとおりである.

① 電線の種類

② 電線の布設方法

③ 電線の長さ

④　許容電圧降下

Point　電線の太さの選定において，絶縁抵抗値，接地抵抗値は無関係.

問題 1　屋内配線の電気方式として用いられる中性点を接地した単相3線式 100/200 V に関する記述として，不適当なものはどれか.

1. 事務所ビルなどの照明やコンセントへの幹線に用いられる.
2. 単相 100 V と単相 200 V の 2 種類の電圧が取り出せる.
3. 非接地側電線の対地電圧は，100 V と 200 V となる.
4. 中性線と各非接地側電線との間に接続する負荷の各合計容量は，できるだけ平衡させる.

[解答]　非接地側電線の線間電圧は 100V と 200V だが，対地電圧はいずれも 100V である. → **3**

問題 2　低圧屋内幹線の電線の太さを選定する場合に検討すべき項目として，最も関係のないものはどれか.

1. 絶縁抵抗
2. 電線の種類
3. 布設方法
4. 電圧降下

[解答]　電線の絶縁抵抗は，電線の太さとは関係がない. → **1**

1・5　14. 水位制御

排水槽の排水ポンプの満水警報付液面制御を電極棒（フロートレススイッチ）で行う場合の各電極は次のとおり．

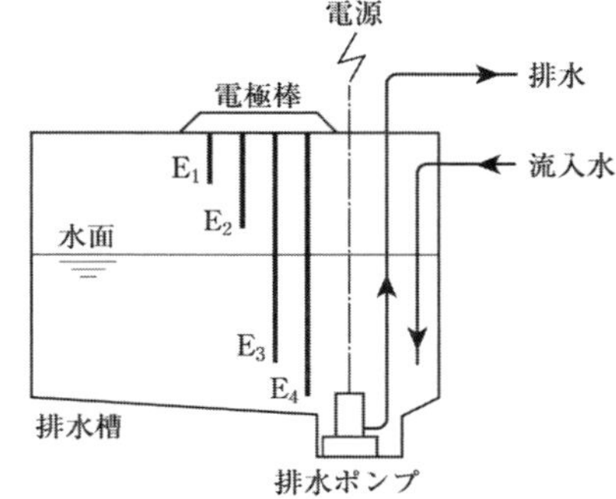

① E_1：満水警報

排水ポンプが故障して水位が上昇した場合に出す警報．

放置すると汚水があふれ出るおそれがある．

② E_2：始動

満水に近づいたので排水ポンプを始動させる．

③ E_3：停止

水位が下がったので，排水ポンプを停止させる．

④ E_4：空転防止

E_3の水位でポンプが停止しなかったときの空転防止．

Point　排水ポンプの運転は，E_2 と E_3 の間で行われる．

問題　図に示す満水警報付液面制御を行う排水槽の排水ポンプ停止用電極棒として，適当なものはどれか．

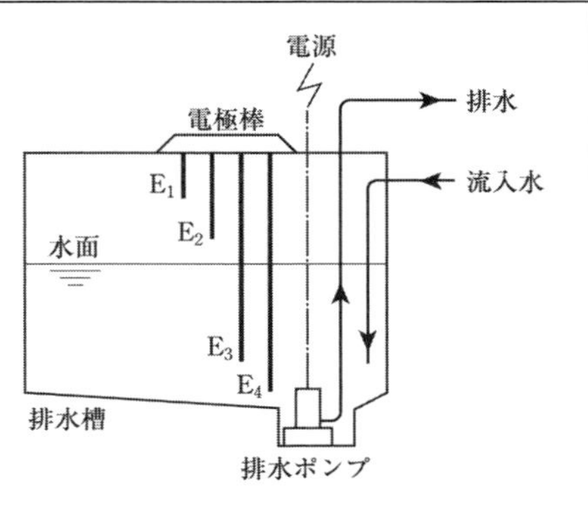

1. E_1
2. E_2
3. E_3
4. E_4

［解答］ **3**

1・5　15. コンセント

主なコンセントの極配置は次のとおり.

①　単相 100 V（定格 125 V）　②　単相 200 V（定格 250 V）

（驚き顔）　（平気顔）

③　三相 200 V（定格 250 V）

（泣き顔）

Point
・単相 100 V コンセントでは，長い方がマイナス．部屋のコンセントを見ると，左右で長さが違う．
・接地極（アース）は ⌓ または ▯ で表す．

問題　単相 200 V 回路に使用する定格電流 15 A のコンセントの極配置として，「日本産業規格（JIS）」上，適当なものはどれか．

1.
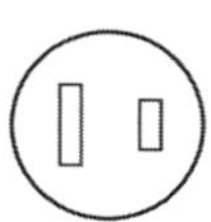

2.
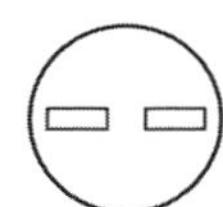

3.

4.
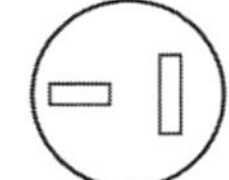

［解答］　2

1·5　16. 絶縁抵抗値

低圧回路の絶縁抵抗値は，電気設備の技術基準に次のように定められている．

使用電圧		絶縁抵抗値
300 V 以下	対地電圧 150 V 以下	0.1 MΩ以上
	その他	0.2 MΩ以上
300 V を超える		0.4 MΩ以上

Super 大いなる鬼のお嫁がバイバイ

0.1　0.2　0.4 M　2 倍 2 倍

Point　① 電技 → 電気設備の技術基準とその解釈

② 内線規程 → 電技をもとに，内線工事を示したもの

問題 電気使用場所において，三相誘導電動機が接続されている使用電圧 400 V の電路と大地との間の絶縁抵抗値として，「電気設備の技術基準とその解釈」上，定められているものはどれか．

1. 0.1 MΩ以上
2. 0.2 MΩ以上
3. 0.3 MΩ以上
4. 0.4 MΩ以上

[解答] 使用電圧が 300V を超えるので，絶縁抵抗値は 0.4 MΩ以上である．
→ **4**

1・5　17. 接　地

(1)　接地工事の種類

接地工事は A 種～D 種までである．それぞれに接地抵抗値が定められている．

接地工事の種類	接地抵抗値
A　種	10〔Ω〕以下
B　種	$R = K/I$ I：変圧器の高圧，特別高圧側の 1 線地絡電流 K：一般に $K = 150$（高圧遮断する装置の動作時間により，300，600）
C　種	10〔Ω〕以下（低圧電路において，地絡を生じた場合，0.5 秒以内に自動的に遮断する装置を施設したときは，500〔Ω〕以下）
D　種	100〔Ω〕以下（低圧電路において，地絡を生じた場合，0.5 秒以内に自動的に遮断する装置を施設したときは，500〔Ω〕以下）

(2)　接地工事

A 種，B 種接地工事の接地線の施設方法は下図による．

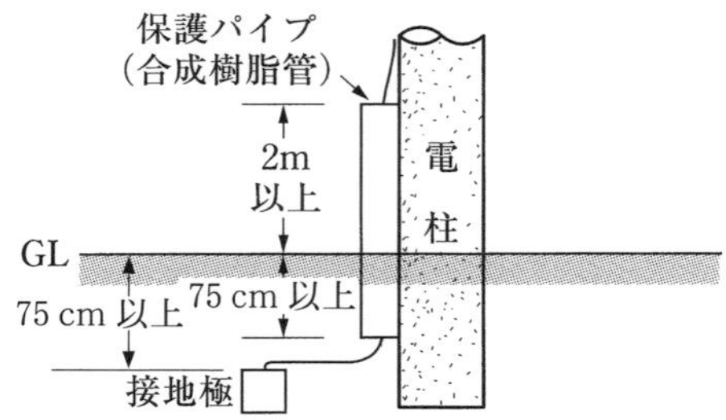

Point　接地線の地表立ち上げ部分は，金属管でなく合成樹脂管とする．ただし，CD 管は不可．

※　CD 管は露出施工できないため．

(3) 接地箇所

① A 種接地工事

高圧，特別高圧の機器の鉄台，金属製外箱，金属管等

避雷器，特別高圧用の計器変成器の 2 次側電路

② B 種接地工事

高圧電路と低圧電路とを結合する変圧器の低圧側の中性点

③ C 種接地工事

300〔V〕を超える低圧用の機器の鉄台，金属製外箱，金属管等

④ D 種接地工事

300〔V〕以下の機器の鉄台，金属製外箱，金属管等

高圧用の計器変成器の 2 次側電路

Point 300〔V〕を超えたら C 種．300〔V〕以下は D 種接地工事．

問題 人が触れるおそれがある場所で単独に A 種接地工事の接地極及び接地線を施設する場合の記述として，「電気設備の技術基準とその解釈」上，不適当なものはどれか．

ただし，発電所または変電所，開閉所もしくはこれらに準ずる場所に施設する場合，および移動して使用する電気機械器具の金属製外箱等に接地工事を施す場合を除くものとする．

1. 接地抵抗値は，10Ω以下とする．
2. 接地極は，地下 75 cm 以上の深さに埋設する．
3. 接地線は，避雷針用地線を施設してある支持物に施設しない．
4. 接地線の地表立ち上げ部分は，堅ろうな金属管で保護する．

［解答］ 金属管でなく合成樹脂管とする．→ **4**

1・5　18. 低圧屋内配線

(1)　施設場所

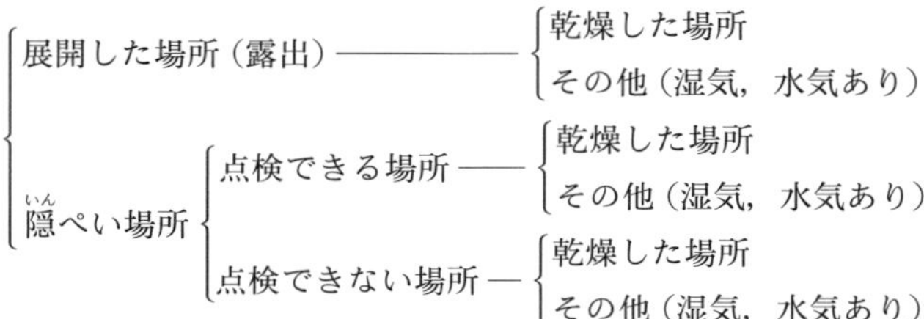

(2)　どこでもできる工事

上の（1）の施設場所のどこでもできる工事種類は次のとおり．

① ケーブル工事

② 合成樹脂管工事（CD 管を除く）

③ 金属管工事（第二種金属性可とう電線管を含む）

Super　<u>軽</u>　<u>合</u>　<u>金</u>

ケーブル　合成樹脂管　金属管

(3)　工事方法

① ビニル電線（IV）などの絶縁電線を電線管に入れる．

※ OW 線も絶縁電線だが屋外用（被覆が薄い）なので不可．

② 電線管，線ぴ内で電線を接続しない．

③ ビニルケーブル（VVF）は，二重天井内で張力が加わらないように施設する．

④ ライティングダクトは，壁や二重天井を貫通しない．

⑤ ライティングダクトの開口部は上向きにしない．

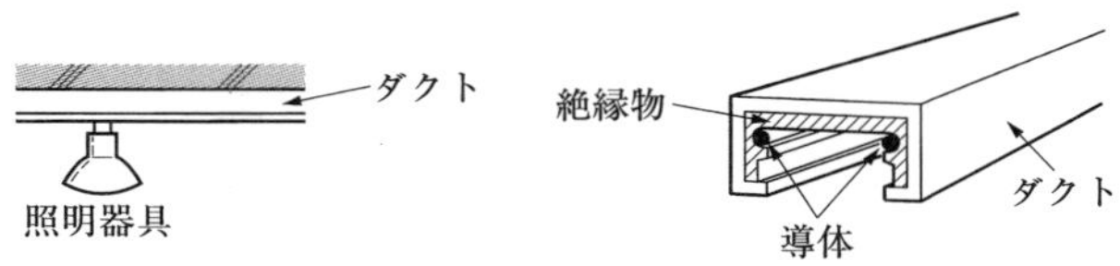

問題 1　低圧屋内配線の施設場所と工事の種類の組合せとして，「電気設備の技術基準とその解釈」上，不適当なものはどれか．

ただし，使用電圧は 100 V とし，事務所ビルの乾燥した場所に施設するものとする．

	施設場所	工事の種類
1.	展開した場所	ライティングダクト工事
2.	展開した場所	ビニルケーブル(VVR)を用いたケーブル工事
3.	点検できない隠ぺい場所	PF 管を用いた合成樹脂管工事
4.	点検できない隠ぺい場所	金属ダクト工事

［解答］　金属ダクトは，点検できない隠ぺい場所は不可．→ **4**

問題 2　低圧屋側電線路の工事として，「電気設備の技術基準とその解釈」上，不適当なものはどれか．

ただし，木造の造営物に施設する場合を除くものとする．

1. 金属管工事　　2. 金属ダクト工事
3. 合成樹脂管工事　　4. ケーブル工事

［解答］　屋側（おくそく）とは，建物の外壁を配線すること．→ **2**

問題 3　低圧屋内配線に関する記述として，「内線規程」上，不適当なものはどれか．

1. 金属ダクト配線に，ビニル電線（IV）を使用した．
2. 金属線ぴおよびその附属品に，D 種接地工事を施した．
3. ビニルケーブル（VVF）を，二重天井内で張力が加わらないように施設した．
4. ライティングダクトを，壁や二重天井を貫通して施設した．

［解答］　ライティングダクトは，壁や二重天井を貫通させない．→ **4**

1・5　19. 地中電線路

(1)　埋設方式

埋設方式	特　　徴
直接埋設式	車両その他の重量物の圧力を受けるおそれがある場合，土冠は 1.2 m 以上．それ以外は 0.6 m 以上．放熱性はよいので許容電流は大きい．保守点検は容易でない．
管路式	直接埋設式に比べてケーブルが損傷を受けにくく，ケーブルの引替えが容易．土冠は 0.3 m 以上．
暗渠(あんきょ)式	多条数を布設する大規模な工事に用いられることが多い．

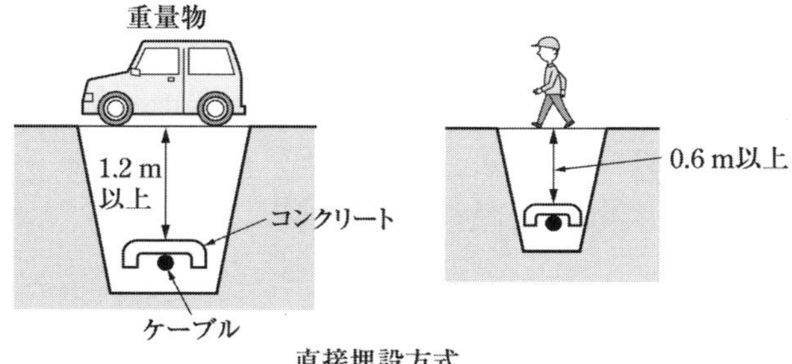

直接埋設方式

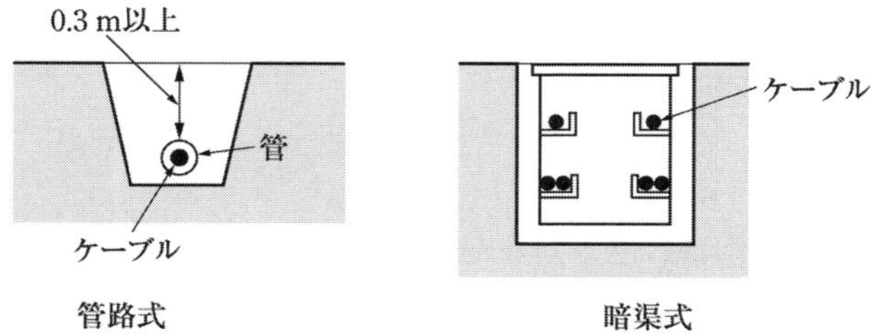

管路式　　　暗渠式

Super　土を一気に下ろすおっさん

1.2　0.6　0.3

(2)　地中配線工事の留意点

① 根切りに先立ち，ケーブル，ガス管などの地中埋設物のないことを確認する．

② 埋戻しには，根切り土の中の良質土を使用するか，砂質土がよい．

③ ケーブルの上部に，標識シート（埋設シート）を施設する．

④ 管路の両端に高低差がある場合，高い方のマンホールからケーブルを引入れる．　※ 引入れ張力を小さくするため

⑤ ケーブルはよいが，絶縁電線を入れてはならない．

問題 1　地中電線路に関する記述として，「電気設備の技術基準とその解釈」上，不適当なものはどれか．

1. 地中箱は，車両その他の重量物の圧力に耐える構造とした．
2. 暗きょ式で施設した地中電線に耐燃措置を施した．
3. 管路式で施設した電線に耐熱ビニル電線（HIV）を使用した．
4. 直接埋設式のケーブルは，衝撃から防護するように施設した．

［解答］　地中の電線管に絶縁電線を入れることはできない．→ **3**

問題 2　地中電線路における電力ケーブルの布設方式に関する記述として，最も不適当なものはどれか．ただし，埋設深さ，ケーブルサイズなどは同一条件とする．

1. 直接埋設式は，暗きょ式に比べて保守点検が容易である．
2. 管路式は，直接埋設式に比べてケーブルに外傷を受けにくい．
3. 管路式は，直接埋設式に比べてケーブルの引替えが容易である．
4. 暗きょ式は，多条数を布設する大規模な工事に用いられることが多い．

［解答］　直接埋設式は，ケーブル引替えや保守点検が困難である．→ **1**

1･5　20. 分岐幹線の許容電流

幹線の過電流遮断器の定格電流 I〔A〕と，分岐幹線の許容電流の関係は次のとおり．

分岐幹線の長さ	分岐幹線の許容電流
3 m 以下	規定なし（細い電線でもよい）
3～8 m 以下	0.35 I 以上（35%以上）
8 m～	0.55 I 以上（55%以上）

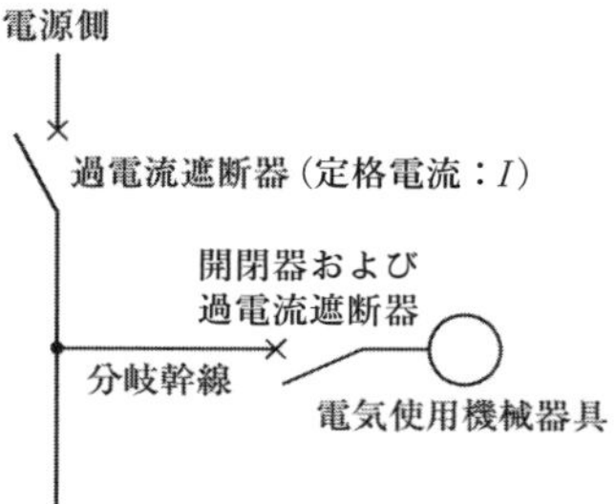

Super　午後はやめよう産後の宮参り
55%　8 m　35%　3 m 8 m

問題　図に示す低圧屋内幹線の分岐点から5 m の個所に過電流遮断器を設ける場合，分岐幹線の許容電流の最小値として，「電気設備の技術基準とその解釈」上，正しいのはどれか．

1. 50 A
2. 70 A
3. 90 A
4. 110 A

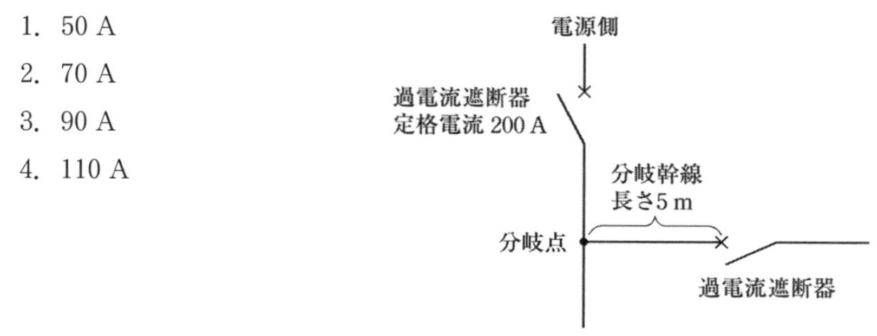

［解答］　分岐幹線の長さは5 m なので，$0.35\,I = 0.35 \times 200 = 70$〔A〕 → **2**

1・5　21. 蓄電池

(1)　蓄電池の種類

主な蓄電池の種類は次のとおり.

① 乾電池 (1 次電池：充電ができない)

② 蓄電池 (2 次電池：充電ができる)

③ 燃料電池 (燃料の化学エネルギーを電気に変換)

④ 太陽電池 (太陽の光エネルギーで電気を発生)

(2)　鉛蓄電池

鉛蓄電池の特徴は次のとおり.

① 公称電圧は 2.0 V

② 電解液は希硫酸

③ 放電すると比重は下がる.

④ 温度が高いほど, 自己放電は大きくなる.

⑤ 制御弁式据置鉛蓄電池 (MSE 形) は, 密閉構造で補水不要である.

(3)　アルカリ蓄電池

アルカリ蓄電池の特徴は次のとおり.

① 公称電圧は 1.2 V

② 電解液の比重変化はない.

③ 低温特性が優れ, 寿命が長い.

問題　据置鉛蓄電池に関する記述として, 不適当なものはどれか.

1. 温度が高いほど, 自己放電は大きくなる.
2. 放電すると, 電解液の比重は上がる.
3. 制御弁式鉛蓄電池 (MSE 形) は, 電解液への補水が不要である.
4. 電解液は, 希硫酸である.

[解答]　放電すると電解液の比重は下がる. → **2**

1・5　22. 自動火災報知設備

(1)　主要機器

自動火災設備は，火災の発生を建物内の人々に知らせる設備をいう．
主要機器は次のとおり．

機　器	役　割
感知器	火災時に発生する熱，煙等を自動的に感知して，信号を受信機に発信する．
発信機	火災が発生した旨の信号を，人が押しボタンを押すことによって，受信機に発信する．
表示灯	発信機がそこにあることを表示するランプ．
音響装置	ベル等により，非常を知らせる．
受信機	感知器，発信機からの信号を受け，火災発生を報知する．

(2)　設備構成

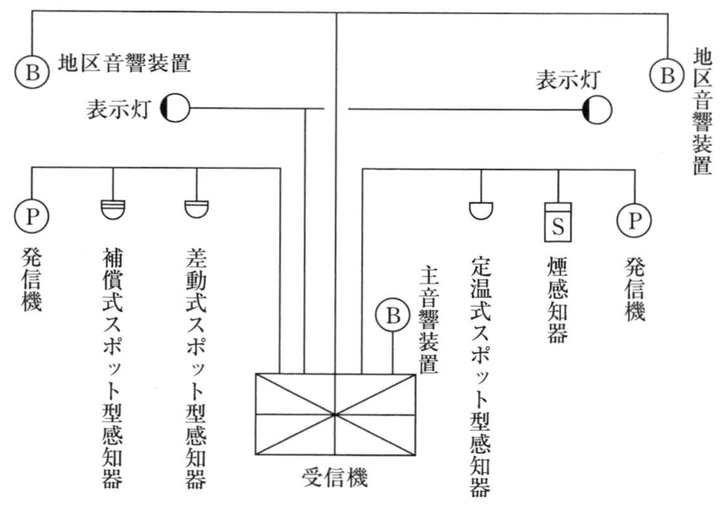

(3)　感知器

おもな感知器は表のとおり．

感知器の種類		火災信号の発信
熱	差動式スポット型感知器	周囲の温度の上昇率が一定の率以上になったとき
	定温式スポット型感知器	周囲の温度が所定の温度に達したとき
	補償式スポット型感知器	差動式と定温式のいずれかの信号
煙	光電式スポット型感知器	周囲の煙濃度が所定の濃度に達したとき
炎	赤外線式スポット型感知器	炎に含まれる赤外線を感知したとき
	紫外線式スポット型感知器	炎に含まれる紫外線を感知したとき

Point　厨房や，湯沸室は常時火を扱うので，定温式スポット型感知器を設置する．廊下，通路，階段には光電式スポット型感知器．

(4)　受信機の基準

① 受信機の電源は専用とする．また，予備電源は密閉型蓄電池とする．

② 受信機の付近に警戒区域一覧図を備える．

③ P型受信機（姿図は第4章206ページ参照）は機能に応じて，1級（回線数無制限），2級（5回線以下）及び3級（1回線）に分けられている．

④ P型1級受信機は，発信機との間で電話連絡をすることができる機能が必要である．　※　P型2級受信機には不要．

⑤ 操作スイッチは，床面から0.8 m以上1.5 m以下となる位置に設ける．

(5)　発信機の基準

① P型1級発信機とP型2級発信機がある．

② 発信機の外箱の色は，赤色であること．

③ 押しボタンスイッチの保護板は，透明の有機ガラスを用いる．

④ 各階ごとに発信機までの歩行距離は50 m以下とする．

⑤ 床面から0.8 m以上1.5 m以下となる位置に設ける．

Point　受信機の操作スイッチ，発信機の押しボタンなど，防災関連のスイッチ高さは，0.8～1.5 mである．

Super 親からいい子

0.8〜1.5

(6)　音響装置の基準

各階ごとに，その階の各部分から音響装置までの水平距離が 25 m 以下となるように設ける.

Point　音響装置は水平距離 25 m 以下，発信機は歩行距離 50 m 以下.

問題 1　自動火災報知設備のＰ型１級発信機に関する記述として，「消防法」上，定められていないものはどれか.

1. 各階ごとに，その階の各部分から発信機までの歩行距離が 25 m 以下となるように設けること.
2. 床面からの高さが 0.8 m 以上 1.5 m 以下の箇所に設けること.
3. 発信機の直近の箇所に赤色の表示灯を設けること.
4. 押しボタンスイッチの保護板は，透明の有機ガラスを用いること.

［解答］　発信機は，各階ごとに歩行距離 50 m 以下である. → **1**

問題 2　厨房に設ける自動火災報知設備の感知器として，「消防法」上，適当なものはどれか.

1. 差動式スポット型感知器
2. 差動式分布型感知器
3. 補償式スポット型感知器
4. 定温式スポット型感知器

［解答］　厨房や湯沸室には，定温式スポット型感知器が適当である. → **4**

1・5　23. 誘導灯

(1)　種　類

誘導灯は，消防法上，「避難設備」に該当する．

誘導灯には次のものがある．

①　避難口誘導灯

②　通路誘導灯

③　客席誘導灯

(2)　基　準

①　電源の開閉器には，誘導灯用のものである旨を表示する．

②　誘導灯には，非常電源を附置する．

③　誘導灯に設ける点滅機能は，自動火災報知設備の感知器の作動と連動して起動する．

④　地下街には，避難口誘導灯をA級またはB級のものとする．

Point　誘導灯にはA級，B級，C級があり，A級がもっとも大きく照度も明るい．

問題　避難口誘導灯をA級またはB級（表示面の明るさが20カンデラ以上のものまたは点滅機能を有するもの）としなければならない防火対象物として，「消防法」上，定められているものはどれか．

ただし，複合用途防火対象物でないものとする．

1. 地下街
2. 図書館
3. 小学校
4. 共同住宅

［解答］　1

1・5　24. 非常用照明

(1) 基　準

非常用照明に関しては，建築基準法に規定がある．

① 予備電源を設ける．30分以上継続して点灯可能なこと．

② 常用電源と予備電源は自動的に切り替わること．

③ 直接照明とし，床面において白熱電球は1〔lx（ルクス）〕，蛍光灯，LEDランプは2〔lx〕以上の照度を確保する．

④ 照明器具の主要部分は，難燃材料で造る．

⑤ 配線は専用回路とし，回路途中にコンセント，スイッチを設けない．

⑥ 電線はHIV線と同等以上の耐熱性のあるものとする．

Point　蛍光灯は，火災により高温になると光束が半減するので2〔lx〕必要である．

Super　見れば非常に明るい

30分　　非常用照明

(2) 規　格

① 非常用照明には，バッテリー内蔵型と別置型がある．

② 常時点灯方式と非常時点灯方式がある．

③ 非常用照明の認定マークが器具に表示される（右図）．

問題　非常用の照明装置に設ける予備電源が，充電を行うことなく継続して点灯させることができる時間として，「建築基準法」上，定められているものはどれか．

1. 10分間
2. 20分間
3. 30分間
4. 60分間

［解答］　3

1・5　25. テレビ共同受信設備

(1)　機　器

①　アンテナ

利得は同じ素子数の場合，受信帯域が広くなるほど小さくなる．

②　同軸ケーブル

50Ω形と75Ω形がある．5C－FB，S－7C－FBなど．周波数が高くなると減衰量は大きくなる．

③　増幅器（ブースタ）

信号の強さを一定のレベルまで増幅する機器．

④　分配器

テレビ信号を均等に分配する機器．一般に，分配器の分配損失は4分配器より2分配器の方が少ない．

⑤　混合器

複数のアンテナで受信した信号を1本の伝送線にまとめる機器．

⑥　分波器

周波数帯域の異なる信号を，選別して取り出すための機器．

⑦　分岐器

ケーブル幹線からの電波の一部を小分けする機器．

⑧　直列ユニット

分岐機能を有し，テレビ受信機に接続する端子を持つ分岐器．

(2)　損失の計算

テレビ共同受信設備において，増幅器出口から末端の接続端子までの総合損失は，以下のとおり．

①　同軸ケーブルの損失は，1m当たりの損失に長さをかける．

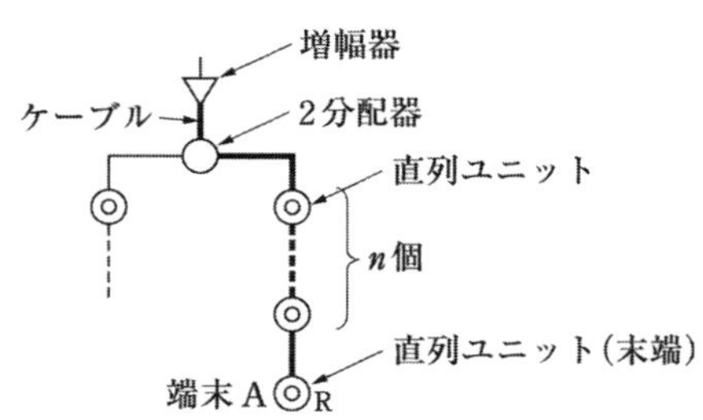

② 機器損失は，次のとおり．

2 分配器＋直列ユニット n 個の挿入損失＋末端の直列ユニットの結合損失

総合損失は，①＋②で計算する．

問題 1　テレビ共同受信設備に用いる機器に関する記述として，不適当なものはどれか．

1. 分配器は，伝送された信号を均等に分配する機器である．
2. 直列ユニットは，分岐機能を有し，テレビ受信機を接続する端子を持つ機器である．
3. 分岐器は，混合された異なる周波数帯域別の信号を選別して取り出す機器である．
4. 混合器は，複数のアンテナで受信した信号を 1 本の伝送線にまとめる機器である．

［解答］　混合された異なる周波数帯域別の信号を選別して取り出す機器は分波器である．→ **3**

問題 2　次の条件において増幅器出口から末端 A までの総合損失として，正しいものはどれか．

（条件）　増幅器出口から末端 A までの同軸ケーブルの長さ：20 m
同軸ケーブルの損失：0.2 dB/m
分配器の分配損失：4.0 dB
直列ユニット単体の挿入損失：2.0 dB
直列ユニット単体の結合損失：12.0 dB

端末 A　R

1. 24.0 dB　　2. 26.0 dB　　3. 28.0 dB　　4. 30.0 dB

［解答］　① 同軸ケーブルの損失＝0.2×20＝4 dB　② 分配器の損失＝4 dB　③ 直列ユニットの損失＝2×3＋12＝18　合計 4＋4＋18＝26 dB → **2**

1・6　1. 換　気

(1)　換気方式

換気の方式には次のものがある.

換気方式		内　容
自然換気		通風や室内外の温度差を利用する換気
機械換気	第1種換気方式	給気，排気とも機械設備
	第2種換気方式	給気を機械設備，排気は自然排気
	第3種換気方式	給気を自然給気，排気は機械設備

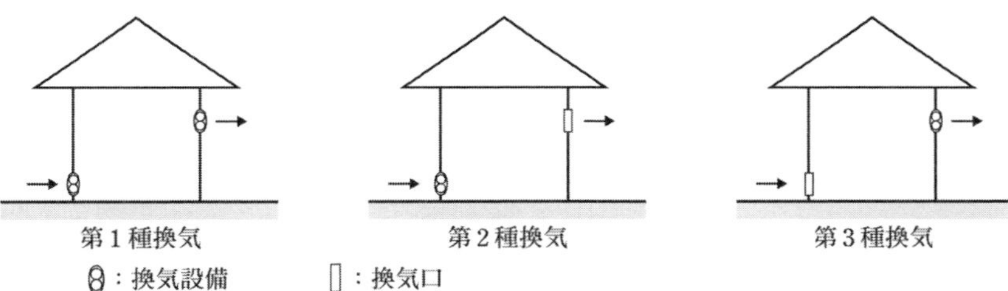

第1種換気方式は，室内を正圧にも負圧にもできる.

※　正圧とは，大気圧より高い圧力で，負圧は低い圧力をいう.

第2種換気方式では，室内は正圧に保たれるので，外部から塵埃(じんあい)などは入らない.

第3種換気方式は，室内が負圧となるので，トイレや浴室など臭気や湿度の高いところに用いられる.

問題　換気方式に関する記述として，不適当なものはどれか.

1. 自然換気は，温度差や風を利用する換気方式である.
2. 第1種換気方式は，電気室の換気に用いられる.
3. 第2種換気方式は，厨房の換気に用いられる.
4. 第3種換気方式は，便所の換気に用いられる.

[解答]　第2種換気は室内が正圧となり，臭いが他室にもれる. → **3**

1・6　2. 給水設備

(1)　給水方式

大別すると水道直結式と受水槽式があり，主な分類は次のとおり．

① 水道直結 ｛直圧方式(図-1)／増圧方式｝

② 受水槽 ｛高置水槽方式(図-2)／ポンプ直送方式(図-3)｝

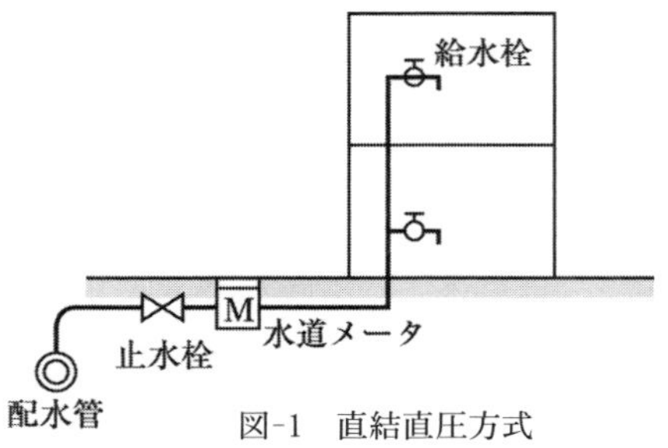

図-1　直結直圧方式

(2)　水道直結式

① 直結直圧方式 (図-1)

配水管から直接水道管を引き込み，その水圧により，各水栓に送水する方式．増圧ポンプを設置しないため，給水できる高さには限度がある．

② 直結増圧方式

直結増圧方式は，図-1の水道メータの後に加圧給水ポンプユニットを付加したもので，中高層建物に給水可能である．

(3)　受水槽式

① 高置水槽方式 (図-2)

水道本管からいったん受水槽に貯水し，ポンプで屋上などに設置した高置水槽に揚水して落差 (高さによる重力) で給水する方式．受水槽式の中では昔から多く採用された方式である．

② ポンプ直送方式 (図-3)

建物内の必要な箇所へ，受水槽の水を給水ポンプで送る方式．

停電により給水ポンプが停止すると，給水が不可能となる．

給水ポンプをインバータ制御することにより，給水圧力がほぼ一定に保たれる．屋上の高置水槽は不要である．

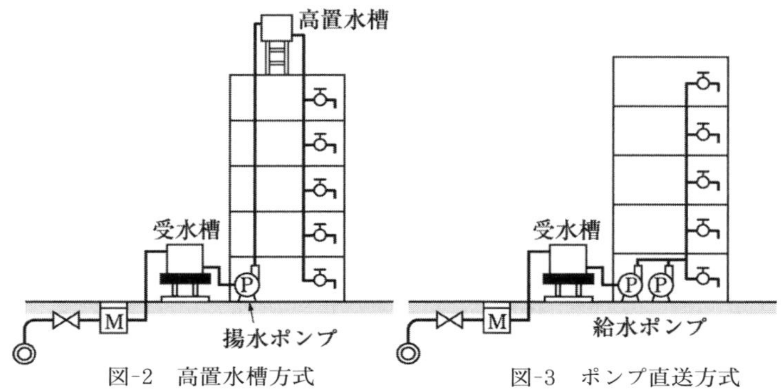

図-2　高置水槽方式　　図-3　ポンプ直送方式

問題 1　建物内の給水設備における水道直結直圧方式に関する記述として，不適当なものはどれか.

1. 受水槽が不要である.
2. 加圧給水ポンプが不要である.
3. 建物の停電時には給水が不可能である.
4. 水道本管の断水時には給水が不可能である.

［解答］　ポンプを使用しないので，停電しても給水可能．→ **3**

問題 2　建物の給水設備におけるポンプ直送方式に関する記述として，不適当なものはどれか.

1. 給水圧力を確保するために，屋上に高置水槽が必要である.
2. 停電により給水ポンプが停止すると，給水が不可能となる.
3. 建物内の必要な箇所へ，受水槽の水を給水ポンプで送る方式である.
4. 給水ポンプをインバータ制御することにより，給水圧力がほぼ一定に保たれる.

［解答］　高置水槽は不要である．→ **1**

1・6　3. コンクリート造

(1) コンクリート

セメントは，粘土と石灰が1：4の割合でできた粉末状のものである．これに水を加えるとセメントペーストになり，細骨材（砂）を混ぜるとモルタルになる．モルタルに粗骨材（砂利）を混ぜたものがコンクリートである．

使用骨材によって普通コンクリートと軽量コンクリート等に分かれる．

コンクリートの圧縮強度は強いが，引張強度は弱い（圧縮強度の約1/10）．

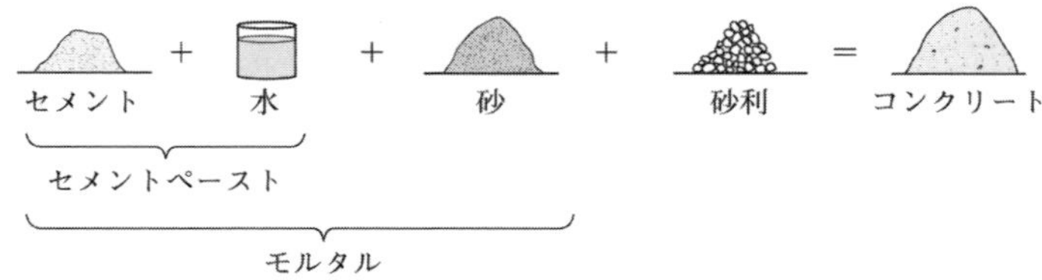

(2) 用　語

① 水セメント比

$$\frac{\text{水の重さ}}{\text{セメントの重さ}} \times 100\,〔\%〕$$

Point 水セメント比は大きいと強度がでない．小さい方がよい．

② スランプ

生コンクリートの軟らかさを表すもので，その数値が大きいほど軟らかい．

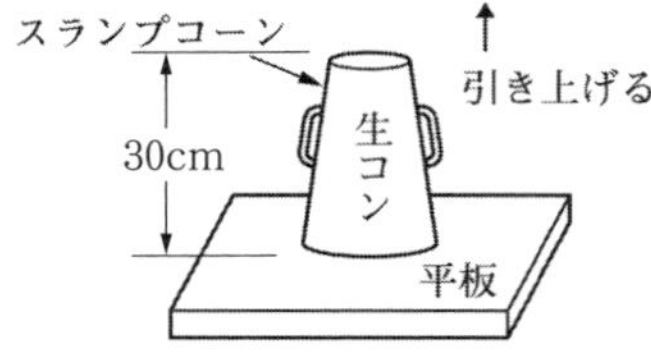

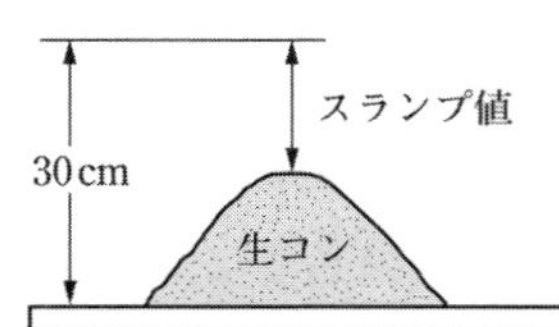

③ 豆板（じゃんか）

コンクリート表面に，骨材が分離して砂利が見えている状況．

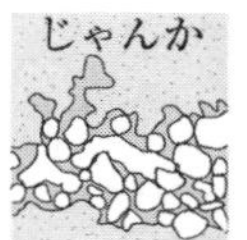

④　コールドジョイント

1回目と2回目の打設間隔が長いときに起こる．接合部に亀裂が入り弱くなる．

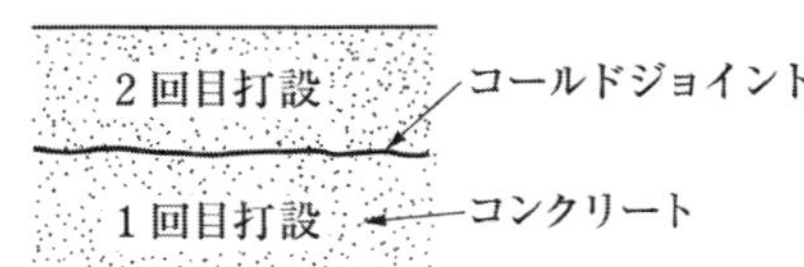

⑤コンクリートの中性化

空気中の二酸化炭素により，コンクリート表面から次第に中性化する．コンクリートはアルカリ性で，鉄筋の防錆効果があるが，中性化が進むと内部の鉄筋が保護できなくなる．

問題 1　コンクリートに関する記述として，不適当なものはどれか．

1. コンクリートは，水・セメント・細骨材・粗骨材・混和剤から作られる．
2. コンクリートの圧縮強度と引張強度は，ほぼ等しい．
3. 使用骨材によって普通コンクリートと軽量コンクリート等に分かれる．
4. 空気中の二酸化炭素によりコンクリートのアルカリ性は表面から失われて中性化していく．

［解答］　コンクリートの引張強度は圧縮強度の約 $\frac{1}{10}$ 倍　→ **2**

問題 2　コンクリート工事における施工の不具合として，関係のないものはどれか．

1. ブローホール
2. 豆板（じゃんか）
3. 砂じま
4. コールドジョイント

［解答］　ブローホールは溶接部に穴のあく溶接欠陥である．→ **1**

1・6　4. 鉄筋コンクリート構造

(1)　鉄筋コンクリート

圧縮力に強いコンクリートと引張力に強い鉄筋の特性を，組み合わせたものである．

その構造を鉄筋コンクリート構造といい，RC 造ともいう．

※　RC：Reinforced Concrete：補強されたコンクリート

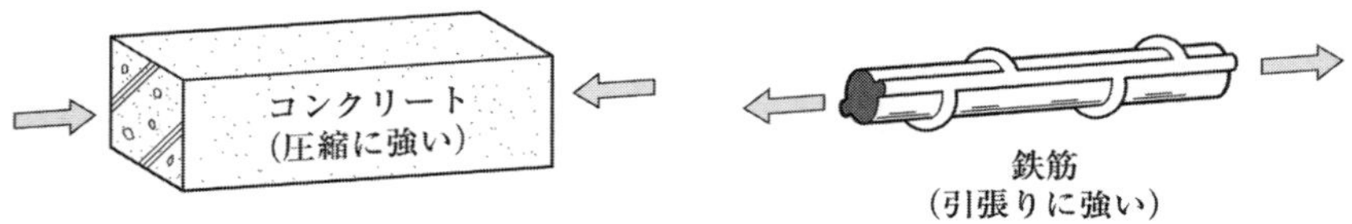

RC 造の特徴は次のとおり．

①　コンクリートと鉄筋は熱膨張率がほぼ同じで相性がよい．

②　コンクリートはアルカリ性で，中の鉄筋が錆びない．

(2)　鉄　筋

鉄筋には丸鋼と異形鉄筋がある．

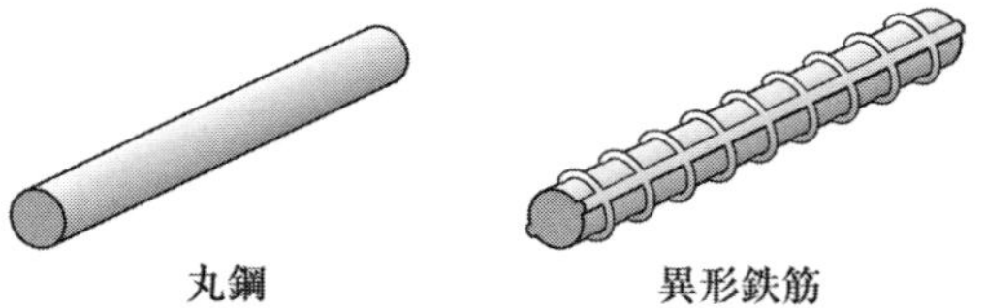

鉄筋とコンクリートの付着強度は，丸鋼より異形鉄筋の方が大きい．

Point　異形鉄筋は表面に凹凸があるので，コンクリートとの付着性に優れる．

(3)　かぶり厚さ

いちばん外側の鉄筋からコンクリート表面まで．目地があるときは目地までの長さを，鉄筋のかぶり厚さという．

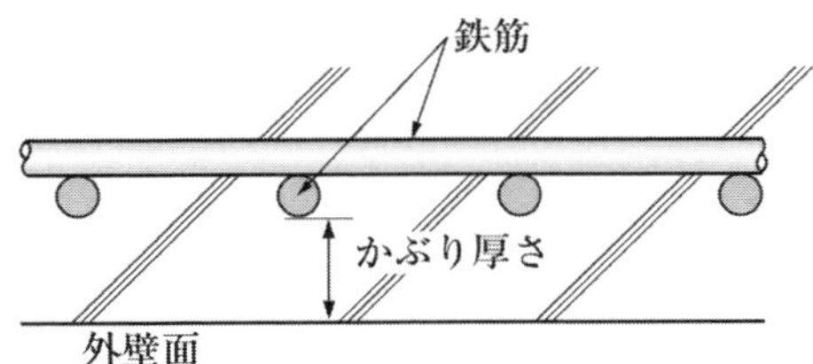

鉄筋のかぶり厚さは，耐久性および耐火性に大きく影響する.

(4)　配筋の順序

手順は次のとおり.

柱配筋　→　壁配筋　→　梁配筋　→　上階のスラブ配筋

(5)　養　生

コンクリートを打設したら，表面を湿潤状態に保つ必要がある.

これを湿潤養生という.

① 適当な温度（10～25℃）に保つ.

② 直射日光や風雨などに対して露出面を保護する.

③ 振動および荷重を加えないようにする.

Point　表面を乾燥状態にしない.

問題　コンクリートの硬化初期における養生に関する記述として，不適当なものはどれか.

1. 適当な温度（10～25℃）に保つ.
2. 表面を十分に乾燥した状態に保つ.
3. 直射日光や風雨などに対して露出面を保護する.
4. 振動および荷重を加えないようにする.

[解答]　コンクリートの硬化初期は湿潤養生を行う. →**2**

1･6　5. 鉄骨構造

鋼材の特徴は次のとおり．

① 部材は工場で加工されるので，工期を短くできる．
工期は木造，RC に比べて短い．

② 鋼材は強度が大きく粘り強いので，小さな断面で大きな荷重に耐えられる．

③ 骨組の部材断面が自由に製作でき，任意に接合できるので，さまざまなデザインに対応しやすい．

④ 火災時は耐力が大きく損なわれ，変形，倒壊の危険がある．
鉄骨をコンクリートなどで耐火被覆する必要がある．

Point　鉄骨は不燃材であるが，そのままでは耐火構造とならない．

問題　鉄筋コンクリート構造と比較した鉄骨構造の特徴に関する記述として，最も不適当なものはどれか．

1. 骨組の部材断面が自由に製作でき，任意に接合できるので，さまざまなデザインに対応しやすい．
2. 鋼材は強度が大きく粘り強いので，小さな断面で大きな荷重に耐えられる．
3. 鋼材は不燃材であるので，火災で高温になっても骨組の強さを維持できる．
4. 骨組の部材は工場で加工されるので，現場の施工期間を短くできる．

［解答］　鋼材は火災になると耐力が落ちる．→ **3**

1・6　6. 舗　　装

(1)　アスファルト舗装

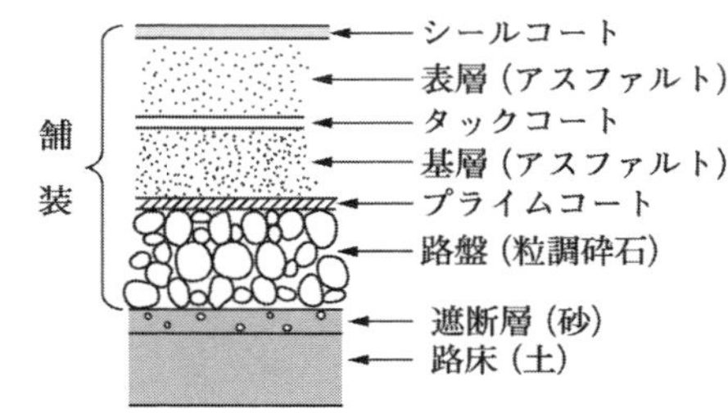

加熱アスファルト混合物を用いて舗装する．特徴は次のとおり．

① 路盤は，一般に下層路盤と上層路盤の二層で構成される．

② 路盤は，表層および基層から伝達される交通荷重を支え，均等に分散して路床に伝える役割をもっている．

③ 着色舗装は，街並との調和，美観，景観や交通安全対策などを考慮して用いられる．

(2)　コンクリート舗装

コンクリートと鉄筋，鉄網を用いて舗装する．特徴は次のとおり．

① 施工後の養生期間が長い．

② 部分的な補修が困難である．

③ 膨張や収縮によるひび割れを防ぐため，目地が必要である．

④ 荷重によるたわみが小さく沈下しにくい．耐久性に富む．

Point　アスファルト舗装は軟らかい．コンクリート舗装は固い．

問題　アスファルト舗装と比較したコンクリート舗装に関する記述として，最も不適当なものはどれか．

1. 施工後の養生期間が長い．
2. 部分的な補修が困難である．
3. 膨張や収縮によるひび割れを防ぐため，目地が必要である．
4. せん断力に強いが曲げ応力に弱いので，沈下しやすい．

［解答］　せん断力や曲げ応力に強く，沈下しにくい．→ 4

1･6　7. 建設機械

建設作業とそれに用いられる建設機械は次のとおり．

建設作業	建設機械
削　岩	ドリフタ，ハンドブレーカ
掘　削	バックホウ，ブルドーザ，クラムシェル
杭打ち	振動パイルハンマ，油圧ハンマ
締固め（土）	タンパ，ランマ，タイヤローラ，コンパクタ
締固め（コンクリート）	棒形振動機
整　地	モータグレーダ，ブルドーザ
鉄骨建て方	タワークレーン

Point　バックホウは，機械位置より低い場所を掘削するのに適する．

吊り荷などに移動式クレーンが使用されるが，転倒事故を防止するため，アウトリガー（脚部を拡張させる装置）を張り出す．

問題　建設作業とその作業に使用する建設機械の組合せとして，不適当なものはどれか．

	建設作業	建設機械
1.	削岩	ドリフタ
2.	掘削	バックホウ
3.	締固め	モータグレーダ
4.	杭打ち	振動パイルハンマ

［解答］　モータグレーダは整地に用いられる．→ **3**

1･6　8. 測　　量

測量の仕方と意味は次のとおり.

種　類	意　味
平板測量	アリダード等の簡便な道具を用いて距離・角度・高低差を測定し，現場で直ちに作図する.
水準測量	レベルと標尺を用いて高低差を測定する.
スタジア測量	トランシットと標尺を用いる.
トラバース測量	トランシットと巻尺を用いる.

Super 平板にアリがダーッと

平板測量　　アリダード

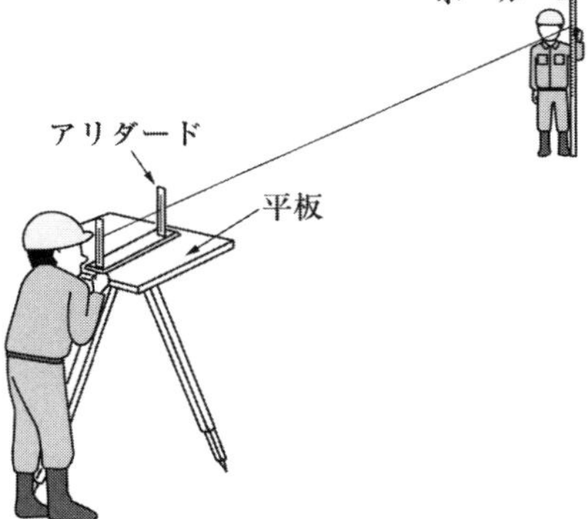

問題　測量に関する次の文章に該当する測量方法として，適当なものはどれか.

「アリダード等の簡便な道具を用いて距離・角度・高低差を測定し，現場で直ちに作図する.」

1. 三角測量
2. 平板測量
3. スタジア測量
4. トラバース測量

［解答］　2

1･6　9. 山留め

(1)　山留め壁の種類

① 親杭横矢板

② 鋼矢板（シートパイル）

③ ソイルセメント壁

④ 場所打ち鉄筋コンクリート壁

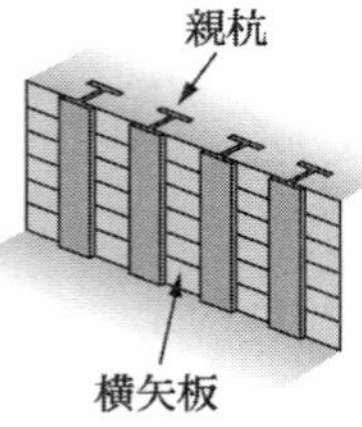

親杭横矢板

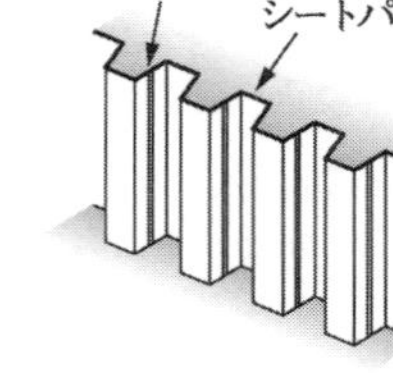

鋼矢板

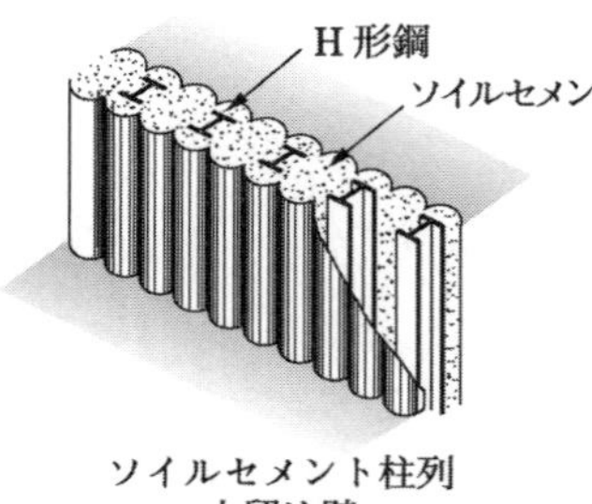

ソイルセメント柱列
山留め壁

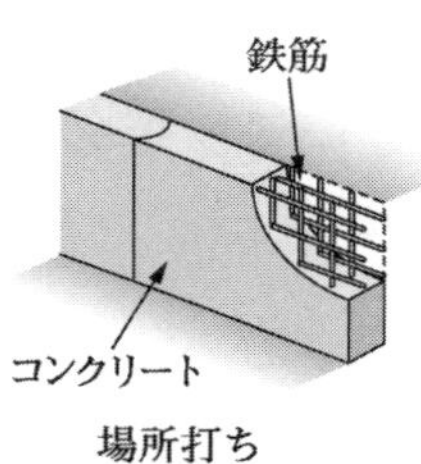

場所打ち
RC山留め壁

Point　親杭横矢板は遮水性が最も低い.

(2)　山留め支保工

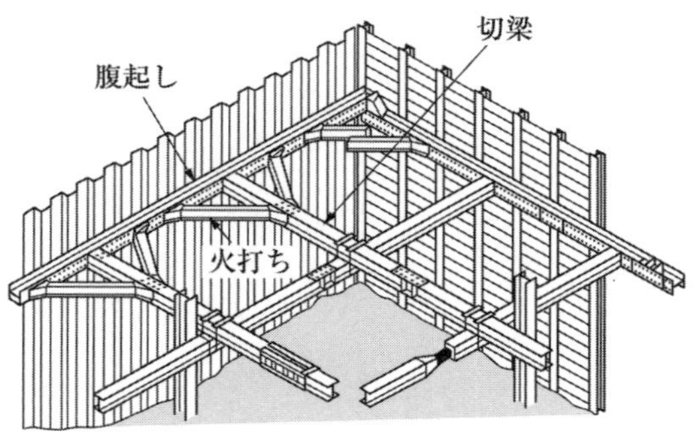

(2)　排　水

根切底に水が溜まらないように排水する工法は次のとおり．

① 釜（かま）場工法

掘削平面内に集水ピット（くぼみ）を設け，これに湧水を集め，ポンプなどにより外部へ排水するもの．

② ウェルポイント工法

地盤面下に多数の集水管を埋め，ポンプで地下水を吸い上げる．

③ ディープウェル工法

深い井戸を掘り，ポンプで地下水をくみ上げる．

問題 1　図に示す山留め支保工のうち，イとロの名称の組合せとして，適当なものはどれか．

	イ	ロ
1.	切梁	中間杭
2.	切梁	火打ち梁
3.	腹起し	中間杭
4.	腹起し	火打ち梁

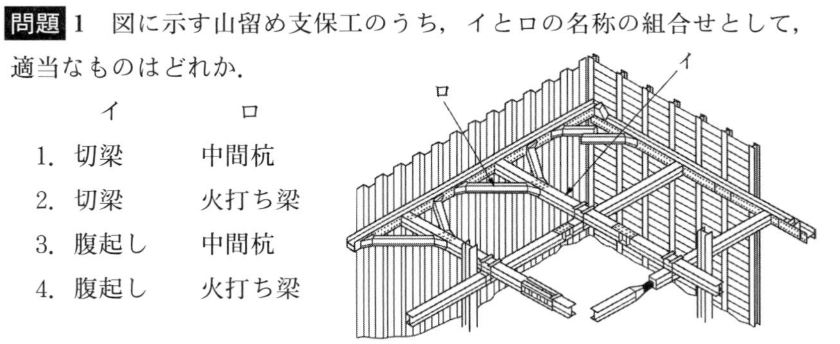

［解答］　**2**

問題 2　土留め壁に用いる鋼矢板工法において，鋼矢板の施工方法として，不適当なものはどれか．

1. ディープウェル工法
2. プレボーリング工法
3. 振動工法
4. 圧入工法

［解答］　ディープウェル工法は深井戸工法である．→ **1**

1・6　10. 送電線鉄塔

送電線鉄塔の基礎は次のとおり．

① 逆T字型基礎

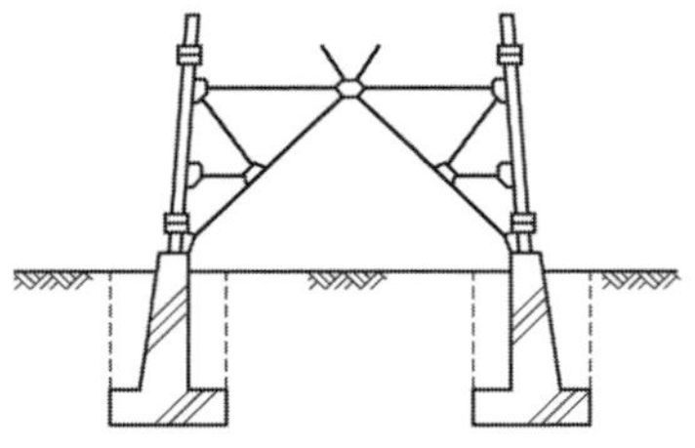

② ロックアンカー基礎

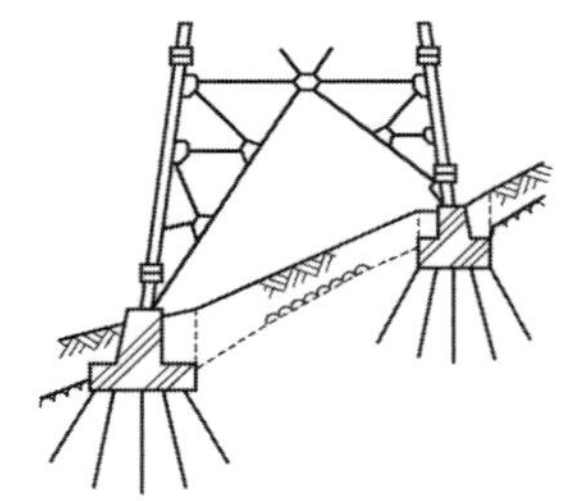

③ 深礎基礎

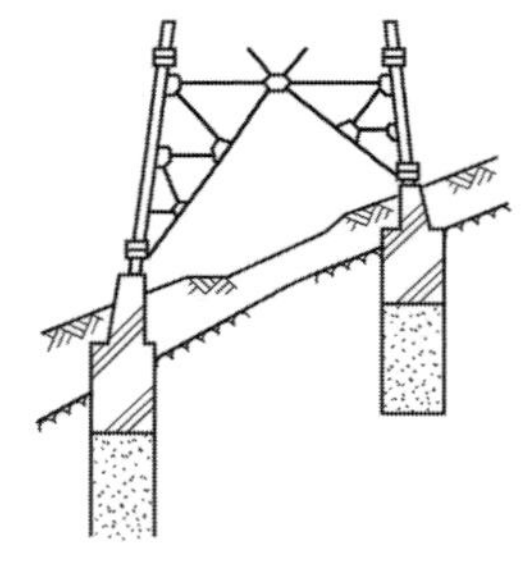

④ 杭基礎

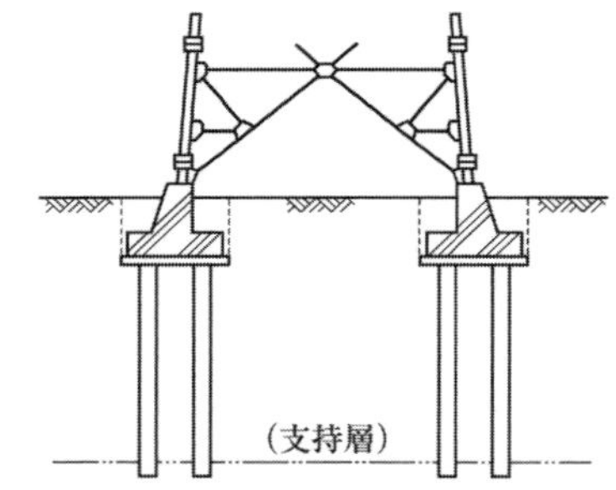

⑤ 井筒基礎

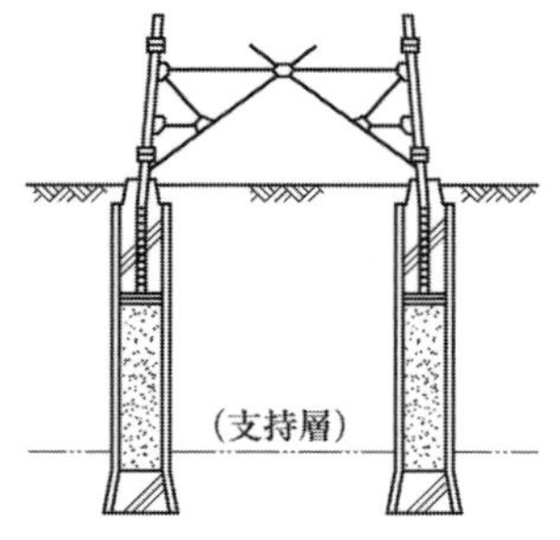

⑥ べた基礎（マット基礎）

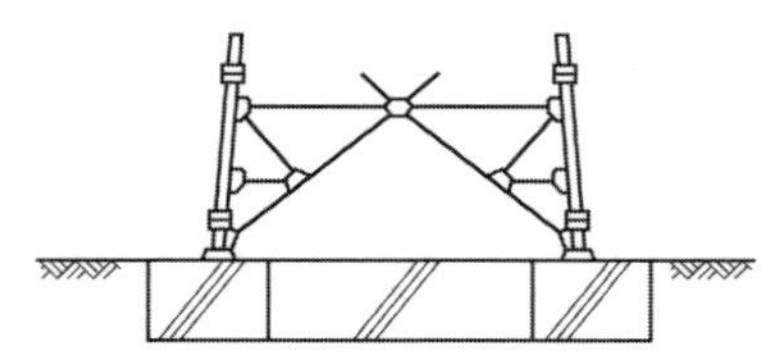

Point　深礎基礎は重要．

問題 1　図に示す送電用鉄塔基礎のうち深礎基礎として，適当なものはどれか．

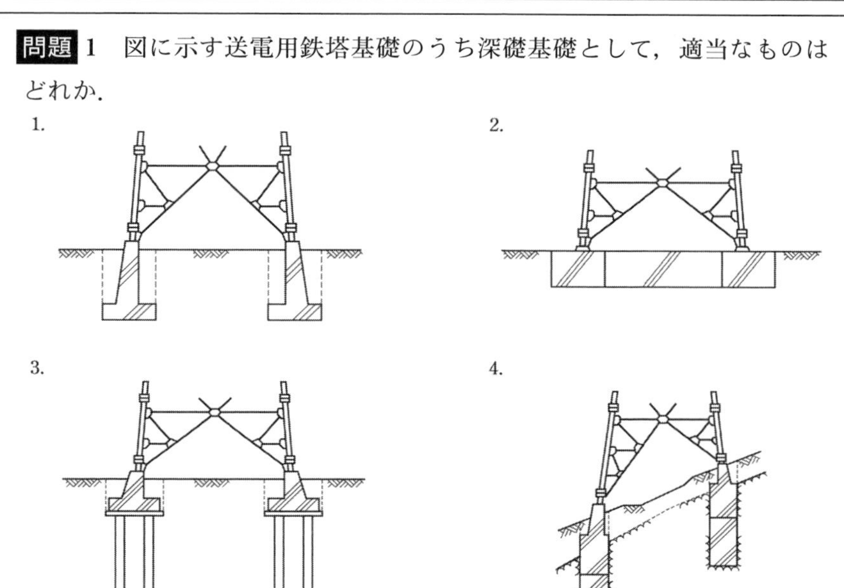

［解答］　4

問題 2　図に示す送電用鉄塔の基礎の名称として，適当なものはどれか．

1. 井筒基礎
2. べた基礎
3. ロックアンカー基礎
4. 既製コンクリート杭基礎

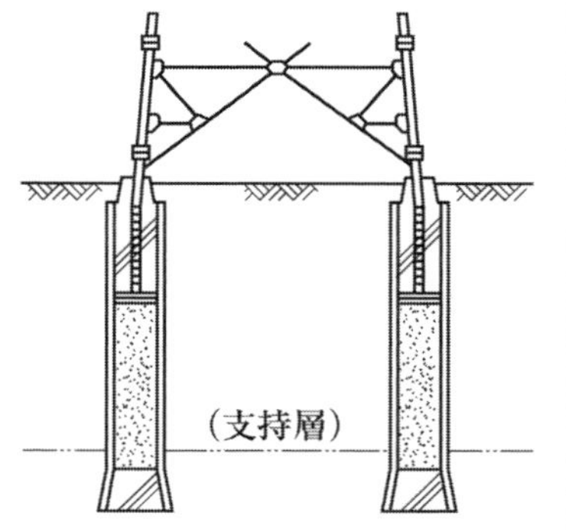

［解答］　1

1・6　11. 配線用図記号

JIS（日本産業規格）による電気用図記号は表のとおり．

設　備	図記号	名　称
電灯・動力設備		分電盤
		制御盤
		蛍光灯
		誘導灯
		非常用照明
	●3	点滅器（3路）
		調光器
	E	コンセント（接地極付）
	ET	コンセント（接地端子付き）
		コンセント（床取付け）
テレビ共同受信設備		テレビアンテナ
		パラボラアンテナ
	HE	ヘッドエンド
		混合・分波器
		増幅器
		2分岐器
		2分配器
		壁付き直列ユニット
自動火災報知設備		差動式スポット型感知器
		定温式スポット型感知器
	S	煙感知器
	Ⓑ	警報ベル
		表示灯
	Ⓟ	P型発信機
情報・通信		通信用アウトレット（電話）
		情報用アウトレット

問題 1　テレビ共同受信設備に用いる配線用図記号と名称の組合せとして，「日本産業規格（JIS）」上，誤っているものはどれか．

	図記号	名　称
1.		テレビジョンアンテナ
2.		混合・分波器
3.	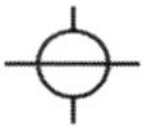	2 分配器
4.	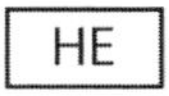 HE	ヘッドエンド

［解答］　2 分配器は　である．→ **3**

問題 2　配線用図記号と名称の組合せとして，「日本産業規格（JIS）」上，誤っているものはどれか．

	図記号	名　称
1.		分電盤
2.	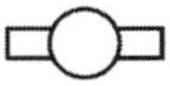	蛍光灯
3.	●3	点滅器（3 路）
4.		コンセント（床面に取り付ける場合）

［解答］　分電盤は　である．→ **1**

第 2 章

施工管理

●試験の要点

施工管理の１次検定試験の出題傾向は表のとおり（令和３年度から）.

	分　野	出題数	解答数
施工管理法	工事施工	5	10
	施工計画	1	
	工程管理	1	
	品質管理	1	
	安全管理	2	
	応用能力	4	4

電気工事の施工方法や，施工計画，工程管理，品質管理，安全管理に関する問題である.

応用能力の問題は五肢択一で出題され，密度の高い学習が要求される.ここで得点することが肝心である.

繰り返し出される問題が多いので，過去問題を十分やっておくとよい.

2・1　1. 発電所の施工

(1)　水力発電

次の事項は，水力発電所の工事施工方法として正しい.

(施工に関し，過去問題で繰り返し出題される内容を記述)

① 建屋内の天井クレーンは，主要機器の据付け前に設置した.

※ 主要機器の据付け後ではない.

② 立て軸の水車と発電機の心出しは，ピアノ線センタリング方式で行った.

③ 接地として，発電所の敷地に網状に接地線をめぐらし，多数の銅板を埋設した.

④ 接地工事の接地極は，吸出管の基礎掘削の際に埋設した.

⑤ ケーシングの現場溶接箇所は，超音波を用いて検査した.

※ 目視点検や浸透探傷試験では不可.

(2)　太陽光発電

次の事項は，太陽光発電の工事施工方法として正しい.

① スレート屋根の上にアレイを設置する場合は，荷重が集中しないように施工した.

② 支持金具や架台等の部材は，屋外での長時間の使用に耐え得るものを用いた.

③ 感電を防止するため，モジュールの配線作業が終了するまでは，モジュールの表面を遮光シートで覆った.

④ モジュールの配線作業において，降雨時には結線作業を行わないこととした.

⑤ 雷害等から保護するため，接続箱にサージ防護デバイス（SPD）を設けた.

⑥ 太陽電池モジュールの温度上昇を抑えるため，勾配屋根と太陽電池アレイの間に通気層を設けた.

⑦　太陽電池アレイの電圧測定は，晴天時，日射強度や温度の変動が少ないときに行った．

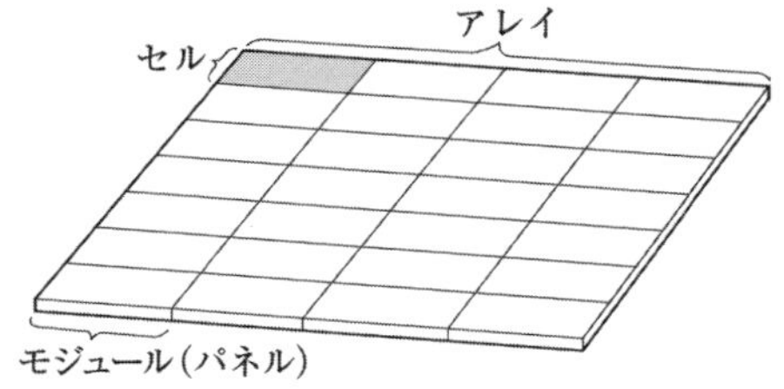

問題 1　水力発電所の建設工事に関する記述として，最も不適当なものはどれか．

1. 接地として，発電所の敷地に網状に接地線をめぐらし，多数の銅板を埋設した．
2. 建屋内の天井クレーンは，主要機器の据付け前に設置した．
3. 立て軸の水車と発電機の心出しは，ピアノ線センタリング方式で行った．
4. 目視試験のみで，ケーシングの現場溶接箇所の欠陥を調べた．

［解答］　溶接箇所は目視でなく，超音波を当てて欠陥を調べる．→ **4**

問題 2　太陽光発電システムの施工に関する記述として，不適当なものはどれか．

1. 太陽電池アレイの電圧測定は，晴天時，日射強度や温度の変動が少ないときに行った．
2. 太陽電池モジュールの温度上昇を抑えるため，勾配屋根と太陽電池アレイの間に通気層を設けた．
3. 感電を防止するため，配線作業の前に太陽電池モジュールの表面を遮光シートで覆った．
4. 雷が多く発生する地域であるため，耐雷トランスをパワーコンディショナの直流側に設置した．

［解答］　耐雷トランスはパワーコンディショナの交流側に設置する．→ **4**

2・1　2. 屋外変電所の施工

(1)　屋外変電所の施工

次の事項は，屋外変電所の工事施工方法として正しい．

① 変電機器の据付けは，架線工事などの上部作業終了後に行った．

※ 上部作業終了前ではない．

② がいしは，手ふき清掃とメガテストにより破損の有無の確認を行った．

③ 架線工事の電線は，端子挿入寸法や端子圧縮時の伸び寸法を考慮して切断する．

④ 大形機器を基礎にアンカーボルトで固定する場合は，箱抜きアンカーより埋込みアンカーの方が強度上有利である．

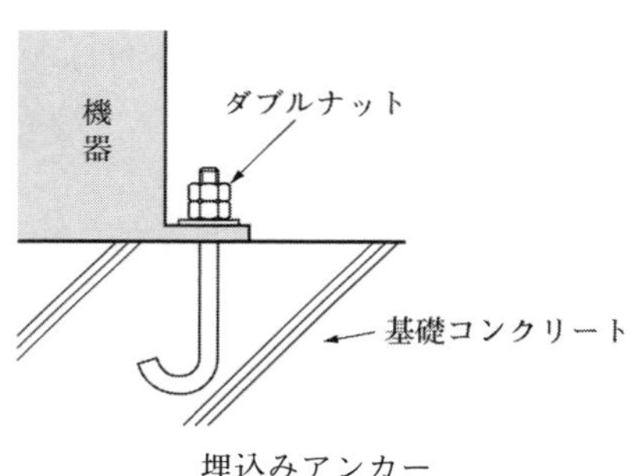

埋込みアンカー

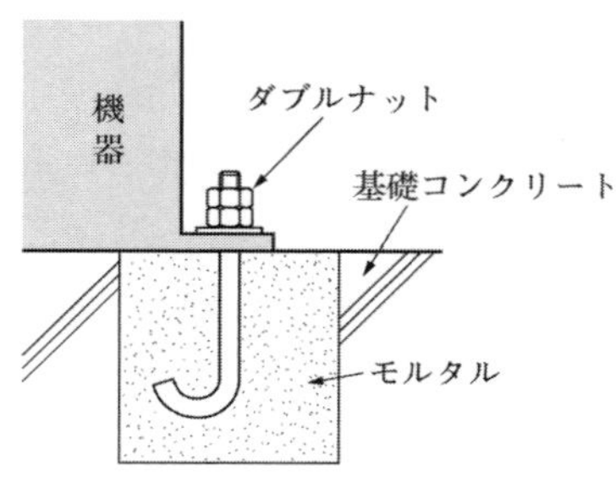

箱抜きアンカー

※アンカーボルトは，基礎コンクリートの鉄筋に結束するとよい．

⑤　大きいサイズの端子を圧縮する場合は，コンパウンドを充てんして行った．

⑥　GISの連結作業は，塵埃（じんあい）（ちりやほこり）の侵入を防止するためにビニルシートで仕切って行った．

※　GISは，ガス絶縁された密閉容器に断路器，遮断器などを収納した設備．Gas Insulated Switchgearの略．

問題　屋外変電所の施工に関する記述として，最も不適当なものはどれか．

1. 大きいサイズの端子を圧縮する場合は，コンパウンドを充てんして行った．
2. がいしは，手ふき清掃とメガテストにより破損の有無の確認を行った．
3. 変電機器の据付けは，架線工事などの上部作業の開始前に行った．
4. GISの連結作業は，じんあいの侵入を防止するためにビニルシートで仕切って行った．

[解答]　上部作業を後に行うと，上部からの塵埃が変電機器に落ちるため，上部の架線工事終了後に，変電機器を据付ける．→ **3**

2・1　3. 架空配電線路の施工

(1)　電柱の施工

次の事項は，高低圧架空配電線路の電柱の施工方法として正しい．

① 長さ 12 m のコンクリート柱の根入れの深さを，2 m 以上とした．
※1/6 以上の根入れとする．

② 支線が断線したとき地表上 2.5 m 以上となる位置に，玉がいしを取付けた．

③ 支線の埋設部分には，打込み式アンカーを使用した．

④ 高圧架空電線の引留め支持には，耐張がいしを使用した．

なお，建柱においては建柱車を使用する．

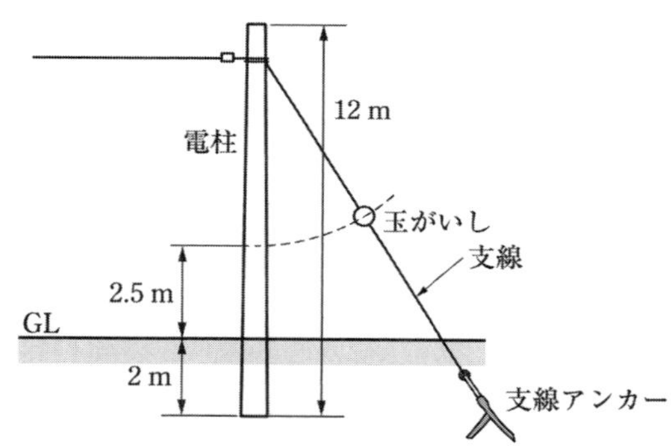

Super　玉が降ってこない

玉がいし　2.5 m

(2)　架空配電線の施工

次の事項は，架空配電線の施工方法として正しい．

① 電線接続部の絶縁処理には，絶縁電線と同等以上の絶縁効果を有する絶縁カバーを使用した．

② 高圧電線は，圧縮スリーブを使用して接続した．

③　延線した高圧電線は，張線器で引張り，たるみを調整した．

④　高圧架空電線から柱上変圧器への配線に，高圧引下用架橋ポリエチレン絶縁電線（PDC）を使用した．

なお，電線の延線及び引留めに使用する車両は次のものである．

①　ウインチ車

②　架線車

③　高所作業車

Point　高圧配電線に，屋外用ビニル絶縁電線（OW）を使用することはできない．OW 線は低圧用電線である．

Point　高圧架空電線に屋外用ポリエチレン絶縁電線（OE）を使用しても，低圧架空電線の下に施設することはできない．

(3)　高圧ケーブルの架空配線

次の事項は，高圧ケーブルの架空配線の施工方法として正しい．

①　ちょう架用線には，断面積 22 mm^2 以上の亜鉛めっき鉄より線を使用した．

②　ちょう架用線には，D 種接地工事を施した．

③　ケーブルをちょう架するハンガの間隔は，50 cm とした．

④　ケーブルを径間途中で接続しない．

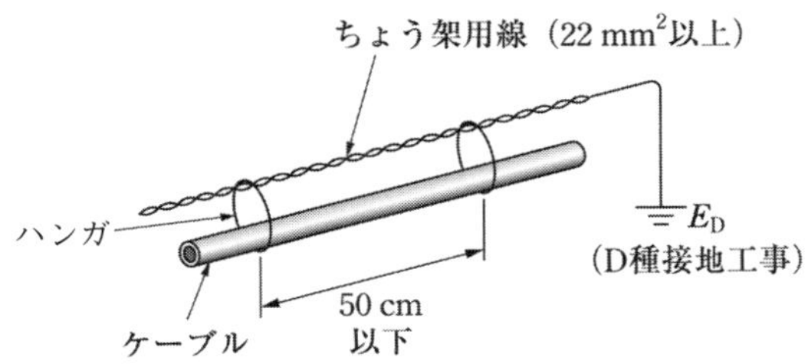

Super　夫婦で号令ダッシュ

22 mm^2　50 cm　　D 種

問題 1 高圧架空配電線の施工に関する記述として，最も不適当なものはどれか．

1. 電線接続部の絶縁処理には，絶縁電線と同等以上の絶縁効果を有する絶縁カバーを使用した．
2. 高圧電線は，圧縮スリーブを使用して接続した．
3. 延線した高圧電線は，張線器で引張り，たるみを調整した．
4. 高圧電線の引留め支持用には，玉がいしを使用した．

［解答］ 高圧電線の引留め支持用には，玉がいしや多溝がいしでなく，耐張がいしを使用する．→ **4**

問題 2 高圧架空電線にケーブルを使用する場合の記述として，「電気設備の技術基準とその解釈」上，不適当なものはどれか．

1. ちょう架用線には，断面積 22 mm^2 以上の亜鉛めっき鉄より線を使用した．
2. ちょう架用線には，D 種接地工事を施した．
3. ケーブルとちょう架用線とを容易に腐食しがたい金属テープにて，20 cm の間隔でらせん状に巻き付けた．
4. ケーブルをちょう架するハンガの間隔は，60 cm とした．

［解答］ ケーブルをちょう架するハンガの間隔は 50 cm 以下．→ **4**

2･1　4. 弱電設備

(1)　有線電気通信設備

次の事項は，有線電気通信設備の施工方法として正しい.

① 河川を横断する架空電線は，舟行に支障を及ぼすおそれがない高さとした.

② 横断歩道橋の上に設置する架空電線は，その路面から 3 m の高さとした.

③ 屋内電線（通信線）が低圧の屋内強電流電線と交差するので，離隔距離を 10 cm 以上とした.

④ 屋内電線（通信線）が低圧の屋内強電流ケーブルと接近するので，強電流ケーブルに接触しないように設置した.

⑤ ケーブルを使用した地中電線と高圧の地中強電流電線との離隔距離が 10 cm 未満となるので，その間に堅ろうかつ耐火性の隔壁を設けた.

⑥ 電柱の昇降に使用するねじ込み式の足場金具を，地表上 1.8 m 以上の高さとした.

⑦ 電話設備における屋内電線（光ファイバを除く）と大地との間および屋内電線相互間を，直流 100 V の電圧で測定した絶縁抵抗値 1 MΩ以上とした.

(2)　拡声設備

ホーンスピーカ

次の事項は，拡声設備の施工方法として正しい.

① 同一回線のスピーカは，並列に接続した.

② 一斉スイッチによる緊急放送を行うため，音量調整器（アッテネータ）には 3 線式で配線した.

③ 非常警報設備に用いるスピーカへの配線は，耐熱電線（HP）とした.

④ スピーカは，ハイインピーダンスのものを使用した.

⑤ 大出力を必要とする屋外には，ホーンスピーカを使用した.

⑥ 増幅器は，電力伝送損失が少ない定電圧方式とした.

Point　スピーカ配線は，直列でなく並列に接続.

Super　答があってねーとさんざん
アッテネータ　3線

問題 1　有線電気通信設備の線路に関する記述として，「有線電気通信法」上，誤っているものはどれか.

ただし，光ファイバは除くものとする.

1. 河川を横断する架空電線は，舟行に支障を及ぼすおそれがない高さとした.
2. 横断歩道橋の上に設置する架空電線は，その路面から 2.5 m の高さとした.
3. ケーブルを使用した地中電線と高圧の地中強電流電線との離隔距離が 10 cm 未満となるので，その間に堅ろうかつ耐火性の隔壁を設けた.
4. 屋内電線（通信線）が低圧の屋内強電流ケーブルと接近するので，強電流ケーブルに接触しないように設置した.

［解答］　横断歩道橋の上に設置する架空電線は，その路面から 3 m 以上の高さ. → **2**

問題 2　事務所ビルの全館放送に用いる拡声設備に関する記述として，最も不適当なものはどれか.

1. 同一回線のスピーカは，直列に接続した.
2. 一斉スイッチによる緊急放送を行うため，音量調整器には 3 線式で配線した.
3. 非常警報設備に用いるスピーカへの配線は，耐熱電線（HP）とした.
4. スピーカは，ハイインピーダンスのものを使用した.

［解答］　直列でなく並列接続する. → **1**

2・1　5. 公共工事標準請負契約約款

(1)　設計図書

公共工事標準請負契約約款において，設計図書とは次のものをいう.

① 図面(設計図)

② 仕様書(特記仕様書・標準仕様書)

③ 現場説明書

④ 現場説明に対する質問回答書

Point　設計図書はすべて発注者が作成するものである. したがって，見積書，請負代金内訳書，施工計画書，施工図等は受注者が作成するので，設計図書ではない.

(2)　優先順位

設計図書の優先順で，高い順に次のとおりである.

① 質問回答書

② 現場説明書

③ 特記仕様書

④ 図面(設計図)

⑤ 標準仕様書

Point　作成時期が遅いほど優先順位が高い.

問題　「公共工事標準請負契約約款」上，設計図書に含まれないものはどれか.

1. 仕様書
2. 現場説明書
3. 請負代金内訳書
4. 現場説明に対する質問回答書

［解答］ 3

2・2　1. 総合施工計画書

総合施工計画書は，工事の着手に先立ち，工事の総合的な計画をまとめたものである．

(1)　計画の手順

① 施工計画書作成前に，設計図書（設計図，仕様書等）に目を通し，内容理解したうえで，現地調査を行う．

② その現場に即した仮設計画，資機材の搬入計画，施工方法，安全管理，養生等を検討する．

Point　施工計画書に予算計画は記載しない．

(2)　記載事項

総合施工計画書に記載するものとして，次のものがある．

① 現場施工体制表

② 仮設計画

③ 総合工程表

④ 官公庁届出書類の一覧表

⑤ 使用資材メーカーの一覧表

Point　機器承諾図，機器製作図は着工後に必要となるものであり，施工計画書に記載すべき内容ではない．

問題　新築工事の着手に先立ち，工事の総合的な計画をまとめた施工計画書に記載するものとして，最も関係のないものはどれか．

1. 機器承諾図
2. 総合仮設計画
3. 官公庁届出書類の一覧表
4. 使用資材メーカーの一覧表

［解答］ 1

2・2　2. 仮設計画等

仮設計画，搬入計画とも総合施工計画書に記載すべき事項である．

(1)　仮設計画

仮設工事は，設置，維持，撤去，後片付けまで含む．仮設物は，構造計算を行い，労働安全衛生法に基づき設置する．

仮設計画は，契約書および設計図書に特別の定めがある場合を除き，請負者がその責任において定める．

仮設計画の良否は，工程その他の計画に影響を及ぼし，工事の品質に影響を与える．

記載する主な内容は次のとおり．

① 仮囲い，現場小屋，資材置場等の仮設物の配置と大きさ．仮設建物は，工事の進捗に伴う移転の多い場所には配置しない．

② 資材加工，機材搬入スペース等

③ 電力，電話，給水，ガスの引き込み

④ 火災予防，盗難防止

Point　仮設計画には，火災予防や盗難予防の対策を含む．

(2)　搬入計画

資機材の品質を損なうことなく，また，公衆災害等を発生させないよう安全に運び入れる計画である．

次の点に留意する．

① 機器の大きさと重量

② 搬入揚重機の選定

③ 搬入口の位置と大きさ

④ 運搬車両の駐車位置と待機場所

⑤ 作業に必要な有資格者

(3)　施工要領書

施工要領書は，施工図を補完する資料であり，施工の着手前に，総合施工計画書に基づいて作成する．初心者の技術・技能の習得にも利用できるように，部分詳細や図表などを用いて分かりやすいものとする．施工前に作業員に周知徹底する．施工要領書は，施工計画書同様，発注者（設計者，工事監督員含む）の承諾を得る．

問題 1　仮設計画に関する記述として，最も不適当なものはどれか．

1. 仮設計画は，安全の基本となるもので，関係法令を遵守して立案しなければならない．
2. 仮設計画の良否は，工程やその他の計画に影響を及ぼし工事の品質に影響を与える．
3. 仮設計画は，全て発注者が計画し設計図書に定めなければならない．
4. 仮設計画には，火災予防や盗難防止に対する計画が含まれる．

［解答］　仮設計画は，契約書および設計図書に特別の定めがある場合を除き，請負者がその責任において定める．→ **3**

問題 2　施工要領書に関する記述として，最も不適当なものはどれか．

1. 施工図を補完する資料として活用できる．
2. 原則として，工事の種別ごとに作成する．
3. 施工品質の均一化及び向上を図ることができる．
4. 他の現場においても共通に利用できるよう作成する．
5. 図面には，寸法，材料名称などを記載する．

［解答］　施工要領書に限らず施工計画書は，その現場に即したものを作成する．→ **4**

2・2　3. 書類の届出

(1) 消防用設備等の届出

① 着工届

工事に着手する 10 日前までに，甲種消防設備士が消防長または消防署長に提出する．

② 設置届

工事が完成した日から 4 日以内に，所有者等が消防長または消防署長に提出する．

Super 着 々 と 設 置 し た

着工届　10 日　設置届　4 日

Point 着工届は消防用設備等の工事が行える甲種消防設備士が出す．乙種消防設備士は工事ができないので，着工届を提出することはできない．

(2) 届出書類と提出先

届出書類とその提出先は表のとおりである．

届出および報告書類等	提出先
確認申請書	建築主事または指定確認検査機関
道路使用許可申請書	所轄警察署長
道路占用許可申請書	道路管理者
自家用電気工作物使用開始届書・保安規程	経済産業大臣または経済産業局長
労働者死傷病報告	労働基準監督署長
機械等設置届	労働基準監督署長
高層建築物等予定工事届（電波法）	総務大臣

問題 1　消防用設備等の届出に関する次の文章中，［　　］に当てはまる日数の組合せとして，「消防法」上，正しいものはどれか．

「消防用設備等の着工届は，工事に着手しようとする日の［ア］前までに，設置届は，工事が完了した日から［イ］以内に，消防長または消防署長に届け出なければならない．」

	ア	イ
1.	10 日	4 日
2.	10 日	14 日
3.	30 日	4 日
4.	30 日	14 日

［解答］　1

問題 2　法令に基づく申請書等と提出先等の組合せとして，誤っているものはどれか．

	申請書等	提出先等
1.	建築基準法に基づく「確認申請書（建築物）」	建築主事または指定確認検査機関
2.	労働安全衛生法に基づく「機械等設置届」	所轄労働基準監督署長
3.	道路交通法に基づく「道路使用許可申請書」	所轄警察署長
4.	電波法に基づく「高層建築物等予定工事届」	国土交通大臣

［解答］　電波法の所管は総務省であり，届けは総務大臣に提出する．→ 4

2・3　1. 工程管理

(1)　手　順

① 月間・週間工程の計画（**P**：Plan）

② 作業の実施（**D**：Do）

③ 計画した工程と進捗の比較（**C**：Check）

④ 工程計画の是正処置（**A**：Act）

なお，計画にあたっては，主要機器の製作承認期間，製作期間を十分考慮し，屋外工事の工程は，天候不順などを考慮して余裕をもたせる．

Point　このP→D→C→Aを**デミングサークル**といい，AからPに戻って繰り返す．

(2)　進捗（しんちょく）度曲線

一般に，作業の進捗（進み具合）は，横軸に工期，縦軸に出来高をとるとS字形の曲線になる．最初と最後の出来高は上がらない．

進捗状況を常に把握して，計画と実施とのずれを早期に発見し，是正する．

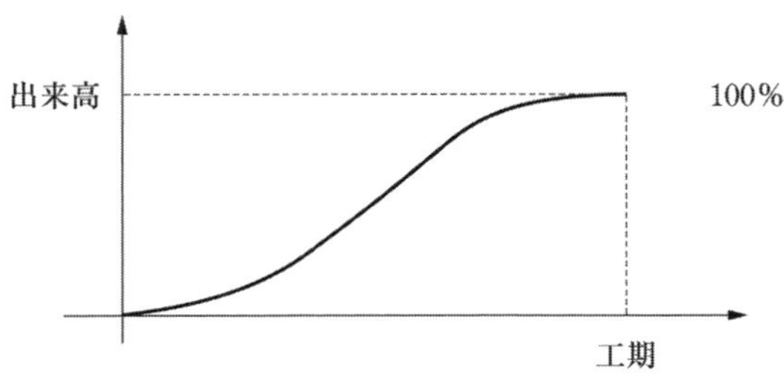

Point　進捗度曲線は，工期と出来高の関係を示した図である．

(3)　留意点

電気工事の工程管理に関する留意点は，次のとおりである．

① 月間工程表で工事の進捗を管理し，週間工程表で詳細に検討および調整を行う．

② 常にクリティカルな工程（遅れの許されない工程）を把握し，重点的に管理する．

③ 一般に，施工速度を上げるほど，品質は低下しやすい．

問題 1　工程管理の一般的な手順として，適当なものはどれか．

ただし，ア～エは手順の内容を示す．

ア：計画した工程と進捗の比較

イ：作業の実施

ウ：月間・週間工程の計画

エ：工程計画の是正処置

1. ア→ウ→エ→イ
2. ア→ウ→イ→エ
3. ウ→イ→ア→エ
4. ウ→イ→エ→ア

［解答］ **3**

問題 2　電気工事の工程管理に関する記述として，最も不適当なものはどれか．

1. 常にクリティカルな工程を把握し，重点的に管理する．
2. 電力引込みなどの屋外工事の工程は，天候不順などを考慮して余裕をもたせる．
3. 工程が変更になった場合には，速やかに作業員や関係者に周知徹底を行う．
4. 作業改善による工期短縮の効果を予測するには，ツールボックスミーティングが有効である．

［解答］ ツールボックスミーティングは，作業前の安全ミーティングである．→ **4**

2・3 2. 工程表の種類

(1) バーチャート工程表

縦軸に作業名，横軸に月日をとった工程表．**横線工程表**ともいう．

① 作成，修正が簡単．

② 所要日数と作業の関係がわかりやすい．

③ 計画と実績が比較しやすい．

※ 計画の下に赤線で実績を記入．

④ 作業間の関連性がつかみにくい．

作業内容＼月日	4月	5月	6月	7月	8月	9月	備考
	10 20 30	10 20 31	10 20 30	10 20 31	10 20 31	10 20 30	
準備作業							
配管工事							
配線工事							
機器据付工事							
盤類取付工事							
照明器具取付工事							
弱電機器取付工事							
受電設備工事							
試運転・調整							
検査							

(2) ガントチャート

縦軸に作業名，横軸に達成度（出来高）（%）をとった工程表．進行状態を棒グラフで表す．

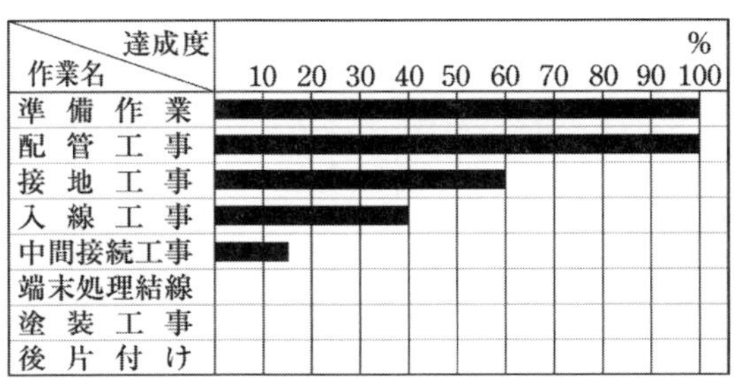

① 各作業の現時点での達成度がわかる．

② 工事全体からみて，進捗状況はわからない．

③ 全体の所要時間がつかめない．

(3)　ネットワーク工程表

全体工事のなかで，各作業の相互関係を表したもの．

→と○などを使ったフロー（流れ）の工程表．**アロー形ネットワーク**が代表的．A～J：作業名，数字：所要日数

① クリティカルパス（最長時間）に注目して，工程管理しやすい．

② 作成，修正が難しく，熟練を要する．

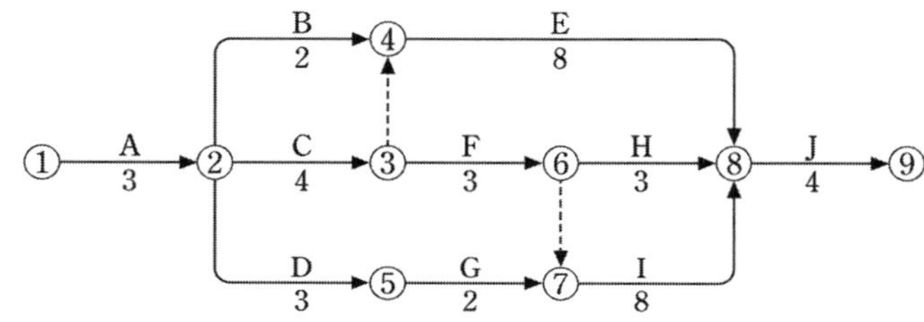

(4)　タクト工程表

フローチャートを階段状に積上げた工程表．

① 共同住宅，高層事務所ビルなど，各階繰り返しの間取りの建物に適している．

② ほかの作業との関連性がわかりやすい．

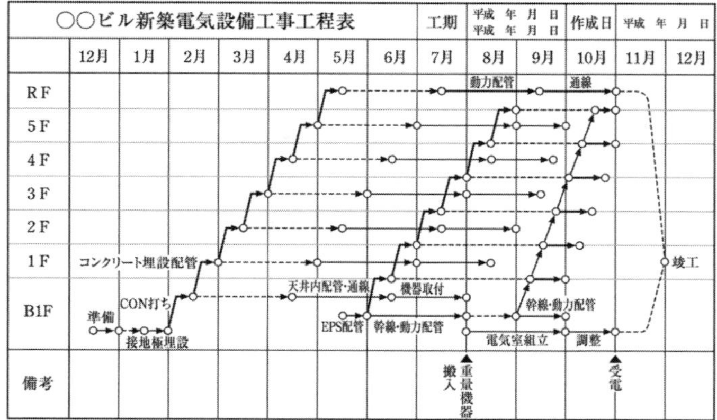

問題 1　建設工事において工程管理を行う場合，バーチャート工程表と比較した，ネットワーク工程表の特徴に関する記述として，最も不適当なものはどれか．

1. 各作業の関連性を明確にするため，ネットワーク工程表を用いた．
2. 計画出来高と実績出来高の比較を容易にするため，ネットワーク工程表を用いた．
3. 各作業の余裕日数が容易に分かる，ネットワーク工程表を用いた．
4. 重点的工程管理をすべき作業が容易に分かる，ネットワーク工程表を用いた．
5. どの時点からもその後の工程が計算しやすい，ネットワーク工程表を用いた．

［解答］　計画出来高と実績出来高の比較は，進捗度曲線を用いる．ネットワーク工程表とは無関係．→ **2**

問題 2　図に示す工程表の名称として，適当なものはどれか．

月 日 / 作業内容	4月			5月			6月			7月			8月			9月			備考
	10	20	30	10	20	31	10	20	30	10	20	31	10	20	31	10	20	30	
準備作業																			
配管工事																			
配線工事																			
機器据付工事																			
盤類取付工事																			
照明器具取付工事																			
弱電機器取付工事																			
受電設備工事																			
試運転・調整																			
検査																			

1. タクト工程表
2. バーチャート工程表
3. ガントチャート工程表
4. ネットワーク工程表

［解答］　**2**

2・3　3. アロー形ネットワーク工程表

(1)　基本用語

①　作業（アクティビティ）

通線作業

3

作業の流れを表す矢印のこと．

作業内容は矢印の上に表示し，作業時間（日数：ディレイション）は矢印の下に表示する．矢印の方向は進行方向を表す．

②　結合点（イベント）

作業の開始，終了点を表す．

○の中に異なる番号を入れる（イベント番号）

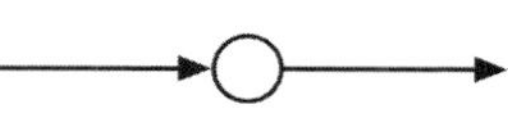

③　ダミー

点線の矢印で表記する．実際に作業はなく，作業の前後関係のみ表す．

【例】　A および B が終わらないと C ができない．

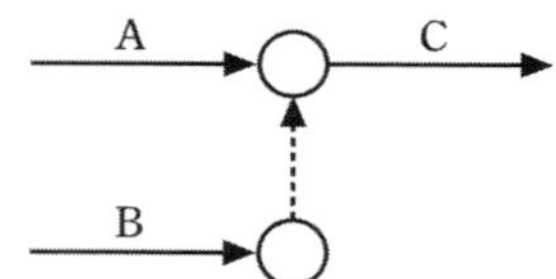

④　時刻

時刻には，次の 4 つがある．

- 最早開始時刻（**EST**：Earliest（最も早く） Start（開始する） Time（時刻））

  B 作業（後続作業）を，最も早く開始できる時刻．

- 最早完了時刻（**EFT**：Earliest（最も早く） Finish（終わる） Time（時刻））

  B 作業を，最も早く完了できる時刻．

  EST＋B の所要時間で計算できる．

- 最遅完了時刻（**LFT**：Latest（遅くとも） Finish（終わる） Time（時刻））

  A 作業（先行作業）を，遅くとも完了しなければならない時刻．

- 最遅開始時刻（**LST**：Latest（遅くとも） Start（開始する） Time（時刻））

  A 作業を，遅くとも開始しなければならない時刻．

LFT－A の所要時間で計算できる.

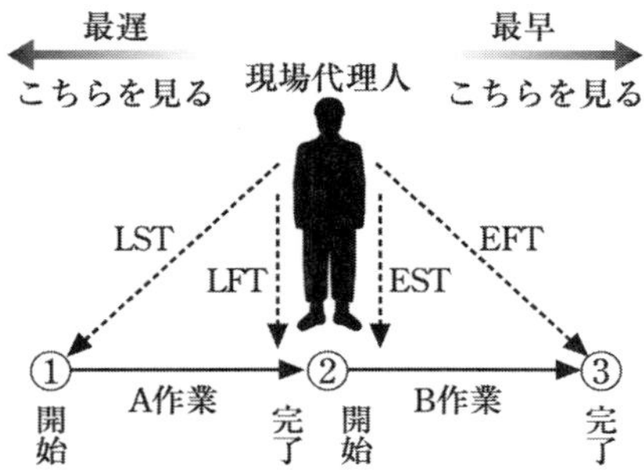

Point　現場代理人の足元の時刻（EST と LFT が重要）

⑤　フロート（余裕時間）

作業をしないでよい時間（日数）のことをフロートという．次の 3 種類のフロートがある.

・フリーフロート

後続する作業の最早開始時刻に影響を及ぼさないフロート.

・ディペンデントフロート

後続作業を最早開始時刻では開始できないが，最遅完了時刻には間に合うフロート.

・トータルフロート

フリーとディペンデントの合計.

作業を最早開始時刻で始め，最遅完了時刻で完了する場合にできる余裕時間をいう.

⑥　クリティカルパス

余裕時間がまったくない作業をつなげたもの．それらの作業を合計したものが所要工期となる.

(2)　基本ルール

①　結合点間の矢印は 1 本

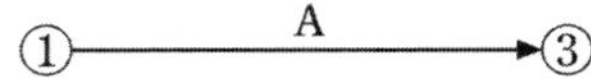

はよい.

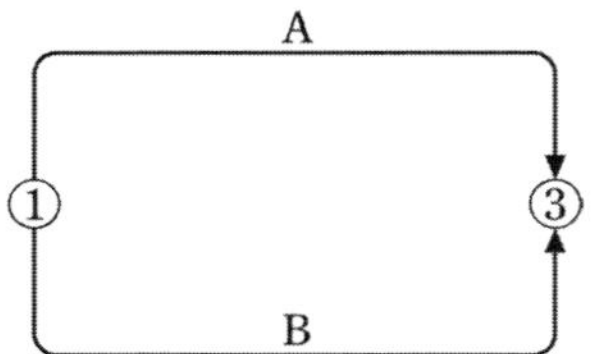

は，結合点間に 2 本の矢印（作業）があるので不可.

この場合，次のようにダミーを用いて表記する.

4 つのどの表記方法でもよい.

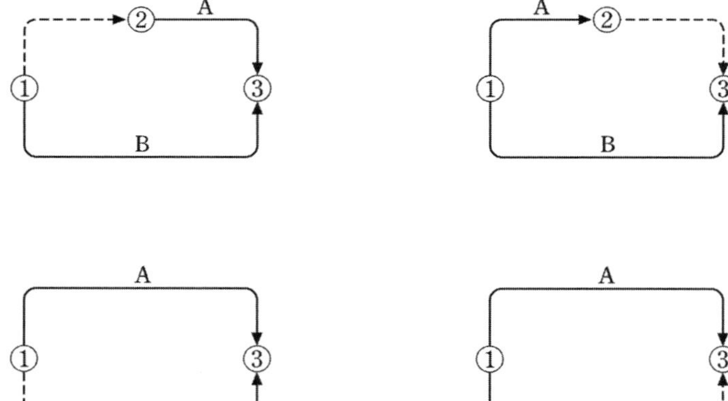

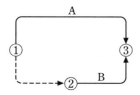

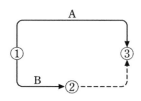

② 1 つの結合点に始まり，1 つの結合点で終わる.

③　先行作業と後続作業

先行作業が終われば後続作業ができる．

【例】 A，B，C が終われば D が開始できる．

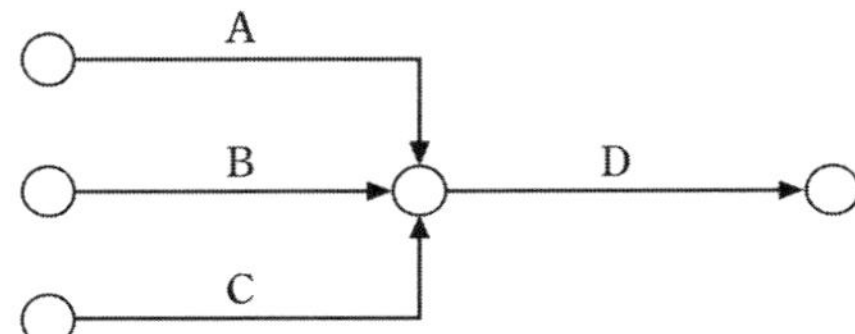

【例】 開始の条件に注意．

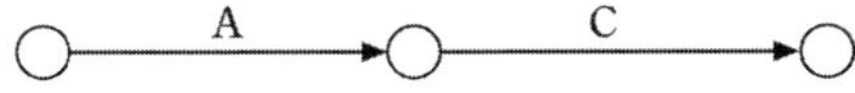

A が終われば C は開始できる．

B が終われば D は開始できる．

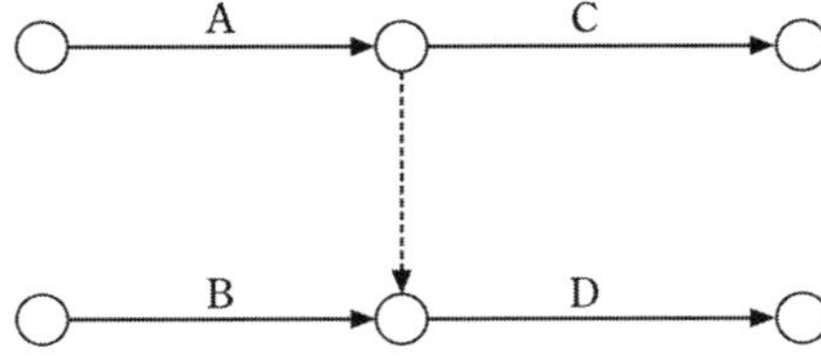

A が終われば C は開始できる．

B が終わっているだけでは，D は開始できない．

A と B が終わってから，D が開始できる．

※P244 ～ P247 参照．

問題 1　アロー形ネットワーク工程表に関する記述として，不適当なものはどれか．

1. 同じイベント番号は，同一ネットワークにおいて 2 つ以上使ってはならない．
2. 終了のイベントは，同一ネットワークにおいて 2 つ以上になることがある．
3. 最早完了時刻は，最早開始時刻にその作業の所要時間を加えたものである．
4. トータルフロートは，作業を最早開始時刻で始め，最遅完了時刻で完了する場合にできる余裕時間である．

［解答］　終了のイベントは，同一のネットワークにおいて 1 つである．→ **2**

問題 2　アロー形ネットワーク工程表の特徴として，不適当なものはどれか．

1. イベント番号には，同じ番号が 2 つ以上あってはならない．
2. アクティビティは，作業活動，材料入手など時間を必要とする諸活動を示す．
3. アクティビティが最も早く開始できる時刻を，最早開始時刻という．
4. 1 つのネットワークで，開始のイベントと終了のイベントはそれぞれ複数になることがある．

［解答］　1 つのネットワークでは，開始のイベントと終了のイベントは 1 つである．→ **4**

2・4　1. 品質管理のツール

(1)　品質管理とは

品質管理とは，要求水準に達した製品を経済的に作り上げる手段の体系をいう．

品質管理を効果的に行う道具（ツール）はいくつかあるが，試験によく出るものに絞って解説する．

(2)　管理図

データをプロットした点を直線で結んだ折れ線グラフに，異常を知るための中心線や上方，下方管理限界線を記入したもの．

①　異常なバラツキの早期発見が可能．

②　データの時間的変化がわかる．

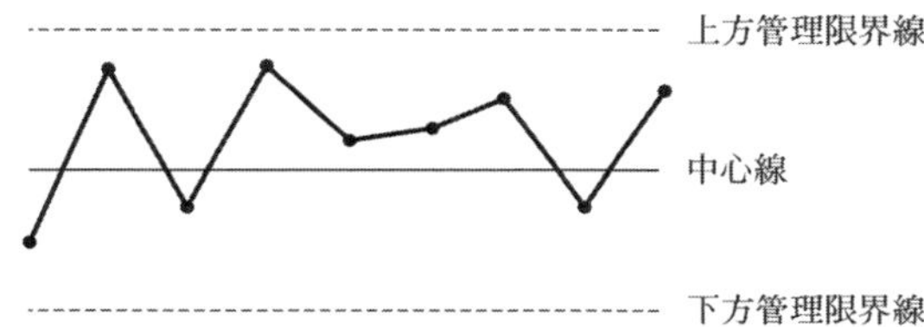

Point　管理状態（＝安定状態）にあるといえる条件

① 点がすべて上・下の管理限界線の中にあること

② 点の並び方にくせがないこと

(3)　特性要因図

特性（結果）と，それに影響を与える要因（原因）との関係を一目でわかるように，体系的に整理した図で，「魚の骨」と呼ばれている．

①　要因同士の結びつきがわかる．

②　ブレーンストーミングの形をとりやすい．

※　ブレーンストーミングとは，自由に意見を言い合い，アイデアを出す手法．

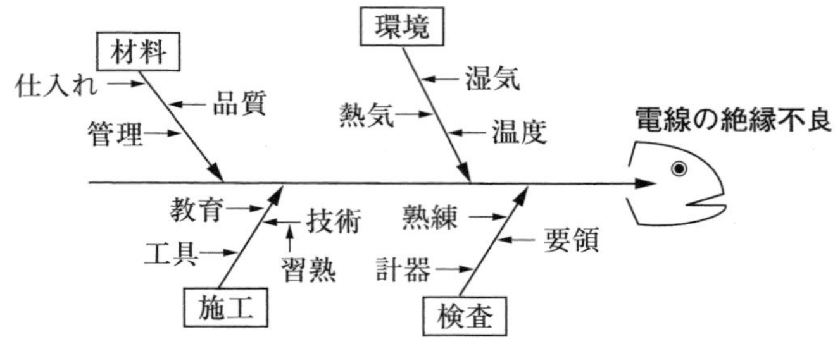

(4)　散布図

2つの対になったデータを縦軸と横軸にとり，点をグラフにプロットした図．

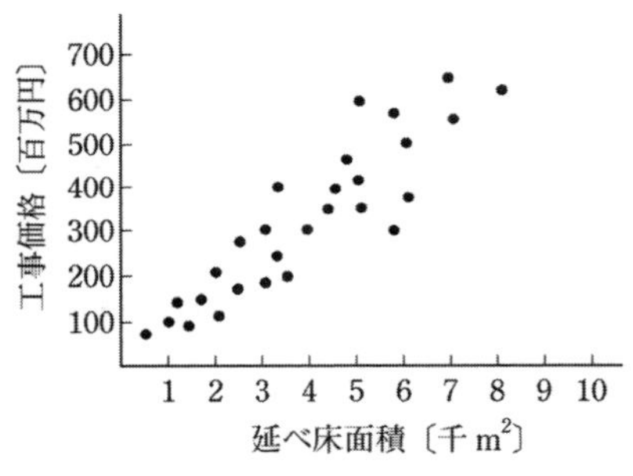

① 対応する2つのデータの関連性の有無がわかる．

② 関連がある場合，片方のデータの処理対策がわかる．

(5)　ヒストグラム

データを適当な幅に分け，その中の度数を縦軸にとった柱状図をいう．

① データの分布状態がわかる．

② 規格や標準値からのずれがわかる．

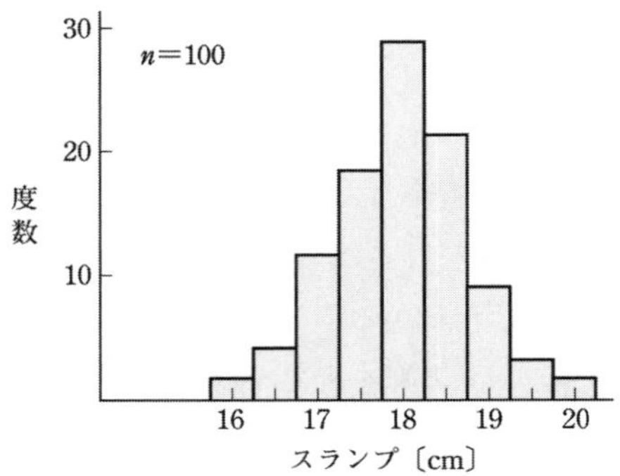

(6)　パレート図

不良品，故障などの発生個数を原因別に分類し，大きい順に並べてその大きさを棒グラフとし，さらに順次累積した折れ線グラフで表した図.

① 不良項目の順位がわかる.

② 対策前，後のパレート図を比較し，効果を確認できる.

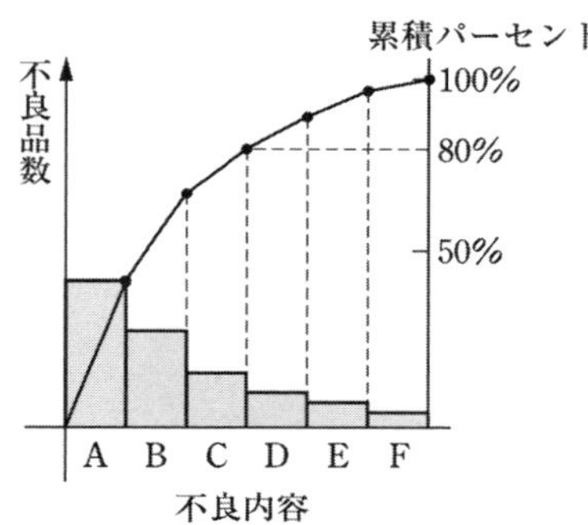

Point　発生個数の多い順に並べる．図は，A，B，C の合計が 80%を占めていることを示している.

問題　図に示す品質管理に用いる図表の名称として，適当なものはどれか.

1. パレート図
2. 散布図
3. 特性要因図
4. ヒストグラム

件数
0
10
20
30
40
50
累積率〔%〕
0
50
100
A B C D E F G
不適合項目

［解答］　1

2・4　2. 試　験

(1)　測定器

電気工事の完成検査で使用する測定器と使用目的は表のとおり.

測定器	使用目的
絶縁抵抗計	回路の絶縁状態の確認
接地抵抗計	接地抵抗値の測定
回路計（テスタ）	低圧回路の電圧値の測定など
検相器	三相動力回路の相順の確認
検電器	充電の有無の確認
クランプ式電流計	電流を切らずに電流を測定

(2)　絶縁抵抗測定

① 測定回路に，半導体など測定電圧をかけることにより破壊されるような機器が接続されていないことを確認する.

② 測定前に，電池チェックを行い，有効表示であることを確認する.

③ 測定前に接地端子（E）と線路端子（L）を短絡し，スイッチを入れて指針が0であることを確認する.　※　213ページ参照

④ 電路の電圧と絶縁抵抗計の電圧が適正か確認する.

電　路	絶縁抵抗計
100 V の電灯の電路と大地間	250 V
200 V 電動機用の電路と大地間	500 V
高圧ケーブルの各心線と大地間	1000 V

⑤ 対地静電容量が大きい回路（ケーブルが長い場合など）では，絶縁抵抗計の指針が安定してからの値を測定値とする.

Point　接地端子（E）と線路端子（L）を短絡し，スイッチを入れると指針は0となる. 無限大（∞）ではない.

(3)　接地抵抗の測定

① 測定前に，接地抵抗計の電池の電圧を確認する.

② 測定前に，接地端子箱内で機器側と接地極側の端子を切り離す.

③ 補助接地棒（P，C）と，被測定接地極（E）は，E－P－C の順.

④ 検流計の指針が 0（ゼロ）目盛りを指示したときのダイヤルの目盛りを読む.

Super いい PC を 設置 した
E　PC　接地

Point　E－P－C の順に配置することが重要.

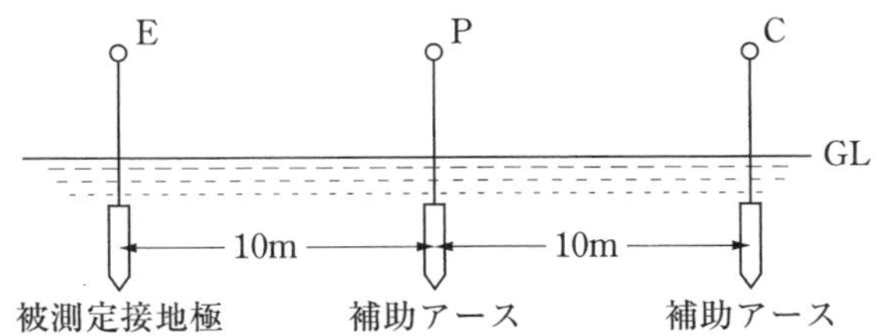

(4)　絶縁耐力試験

高圧ケーブル，機器等の交流試験電圧は，最大使用電圧の 1.5 倍の交流試験電圧を，電路と大地の間に，連続して 10 分間加えたとき耐えること.

問題 1　電気工事の試験や測定に使用する機器とその使用目的の組合せとして，不適当なものはどれか.

	機器	使用目的
1.	絶縁抵抗計	回路の絶縁状態の確認
2.	検相器	三相動力回路の相順の確認
3.	検電器	高圧回路の電流値の測定
4.	回路計（テスタ）	低圧回路の電圧値の測定

［解答］　検電器は充電の有無の確認である. → **3**

問題 2　絶縁抵抗測定に関する記述として，不適当なものはどれか．

1. 測定前に絶縁抵抗計の接地端子（E）と線路端子（L）を短絡し，スイッチを入れて無限大（∞）を確認した．
2. 200 V 電動機用の電路と大地間を，500 V の絶縁抵抗計で測定した．
3. 対地静電容量が大きい回路なので，絶縁抵抗計の指針が安定してからの値を測定値とした．
4. 高圧ケーブルの各心線と大地間を，1 000 V の絶縁抵抗計で測定した．

［解答］　E 端子と L 端子を短絡してスイッチを入れると，指針は 0 を指す．→ **1**

問題 3　接地抵抗計による接地抵抗の測定に関する記述として，最も不適当なものはどれか．

1. 測定用補助接地棒（P，C）は，被測定接地極（E）を中心として両側に配置した．
2. 測定前に，接地端子箱内で機器側と接地極側の端子を切り離した．
3. 測定前に，接地抵抗計の電池の電圧を確認した．
4. 検流計の指針が 0（ゼロ）目盛りを指示したときのダイヤルの目盛りを読んだ．

［解答］　E，P，C の順に直線状に配置する．→ **1**

2・5　1. 電気の安全

(1)　停電作業

作業開始前に指揮者は，作業員に停電作業の方法を周知させ，危険予知活動を行う．

停電作業の留意点は次のとおり．

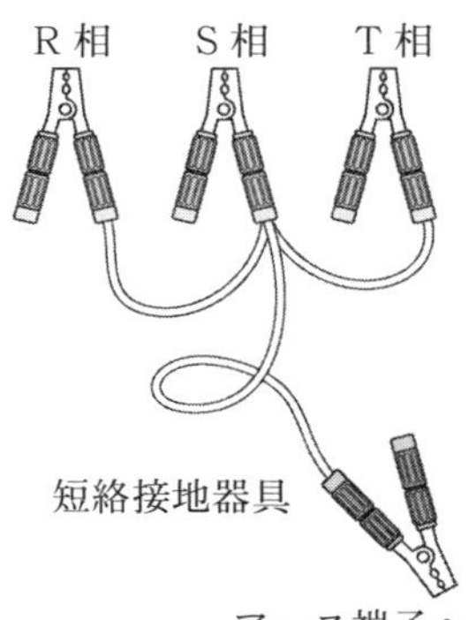

① 電路が無負荷であることを確認したのち，高圧の電路の断路器を開路する．

② 開路した電路に電力コンデンサが接続されている場合，残留電荷を放電する．

③ 開路した高圧電路の短絡接地は省略しない（短絡接地器具を用いて接地する）．

④ 開路した開閉器に通電禁止の表示をすれば，監視人の配置を省略してよい．

Point　検電器具で停電を確認しても，高圧電路の短絡接地は省略しない．

(2)　感電防止

感電防止対策は次のとおり．

① 電気機械器具の操作部分は，操作の際に，感電の危険を防止するため，必要な照度を保持する．

② 移動電線に接続する手持型の電灯は，感電の危険を防止するためガード付きとする．

③ 仮設の配線を通路面で使用する場合，配線の上を車両などが通過することによる絶縁被覆の損傷のおそれのない状態で敷設する．

④ 作業中に感電のおそれのある電気機械器具に，感電注意の表示をしても，その充電部分の感電を防止するための囲いおよび絶縁覆いを省略しない．

⑤ 電気室は電気取扱者以外の者の立入りを禁止すれば，充電部分の感電

を防止するための囲いおよび絶縁覆いを省略してよい．

問題 1　停電作業を行う場合の措置に関する記述として，「労働安全衛生法」上，誤っているものはどれか．

1. 作業の指揮者は，作業員に作業方法等を周知させ，作業を直接指揮した．
2. 検電器具で停電を確認したので，開路した高圧電路の短絡接地を省略した．
3. 開路した開閉器に通電禁止の表示をしたので，監視人の配置を省略した．
4. 開路した電路に電力コンデンサが接続されていたので，残留電荷を放電した．

[解答]　停電を確認しても高圧電路の短絡接地を省略できない．→ **2**

問題 2　労働者の感電の危険を防止するための措置に関する記述として，「労働安全衛生法」上，誤っているものはどれか．

1. 移動電線に接続する手持型の電灯は，感電の危険を防止するためガード付きとした．
2. 仮設の配線を通路面で使用するので，配線の上を車両などが通過することによる絶縁被覆の損傷のおそれのない状態で敷設した．
3. 作業中に感電のおそれのある電気機械器具に，感電注意の表示をしたので，その充電部分の感電を防止するための囲いおよび絶縁覆いを省略した．
4. 電気室は電気取扱者以外の者の立入りを禁止したので，充電部分の感電を防止するための囲いおよび絶縁覆いを省略した．

[解答]　注意表示をしても，囲いおよび絶縁覆いは省略できない．→ **3**

2•5　2. 数値基準

労働安全衛生法に，安全作業に関する数値基準がある．

(1)　高所作業

高さ 2 m 以上の高所作業においては次の点に留意する．

①　作業床を設ける．幅は 40 cm 以上とし，床材のすき間は 3 cm 以下とする．

※　つり足場では，作業床にすき間がないようにする．

Super　愉快な幅寄せが好きさ

床　　幅　40 cm　　すき間　3 cm

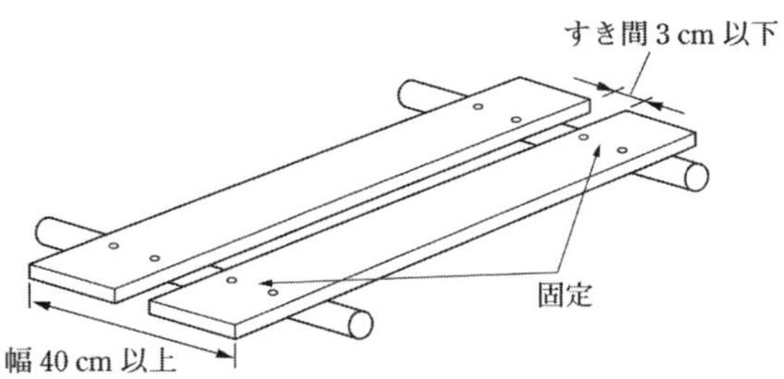

②　作業床の手すりの高さは 85 cm 以上とする．中さんを設ける．

Super　箱形手すり

85 cm

③　照度を確保する．

④　墜落制止用器具（安全帯）を安全に取り付けるための設備等を設ける．

⑤　強風，大雨，大雪等悪天候により危険が予想される時は作業を中止．

※　墜落制止用器具（安全帯）をしても不可．

(2)　昇降設備

高さまたは深さが1.5 m をこえる箇所で作業を行うときは，安全に昇降するための設備を設ける．

Super　人込みは昇降が大変

1.5 m　　昇降

(3)　はしご・脚立

① 移動はしごは，幅を30 cm 以上とし，滑り止め装置を設ける．

② 移動はしごを立て掛ける先端は60 cm 以上突き出す．

③ 脚立と水平面の角度は，75度以下とする．

④ 脚立の天板に立ってはいけない．

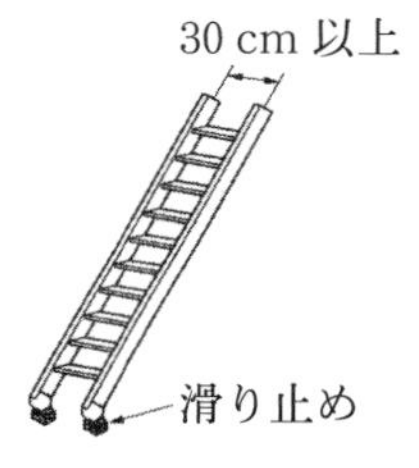

移動はしご

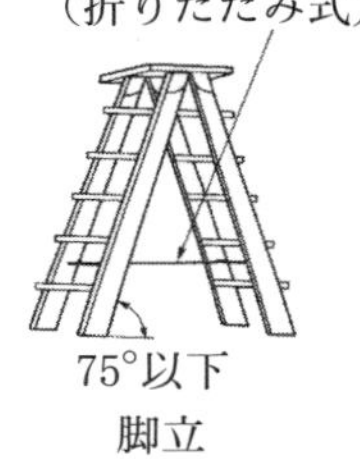

脚立

(4)　投下設備

3 m 以上の高さから物体を投下するときには，投下設備を設け，監視人を置く等の措置を講じる．

Super　落下傘（らっかさん）

落下　3 m

(5) 通 路

通路面から高さ 1.8 m 以内に，障害物を置かない.

Super 障害物はイヤ

1.8 m

問題 1 足場に関する次の文章中，[　　] に当てはまる語句の組合せとして，「労働安全衛生法」上，正しいものはどれか.

ただし，一側足場およびつり足場を除くものとする.

「高さ 2 m 以上の足場に使用する作業床の幅は [ア] 以上とし，床材間のすき間は [イ] 以下とする.」

	ア	イ
1.	30 cm	3 cm
2.	30 cm	5 cm
3.	40 cm	3 cm
4.	40 cm	5 cm

［解答］ **3**

問題 2 物体を投下するときに投下設備を設け，監視人を置く等の措置を講じなければならない高さとして，「労働安全衛生法」上，定められているものはどれか.

1. 1.5 m 以上
2. 2 m 以上
3. 3 m 以上
4. 5 m 以上

［解答］ **3**

2・5　3. 作　　業

(1)　玉掛け作業

玉掛け用ワイヤロープの留意点は次のとおり．

① 使用する日の作業前に，玉掛け用ワイヤロープの異常の有無について点検する．　※ 前日の点検は不可．

② ワイヤロープがキンク（ねじれ）しているものは使用しない．

③ 玉掛け用ワイヤロープは，フックや両端にアイ（輪）を備えているものを使用する．

④ クレーンのフック部で，玉掛け用ワイヤロープが重ならないようにする．

⑤ 巻上げの際，ワイヤロープが十分張ったときに一度停め（地切り），安全を確かめる．安全係数は6以上．

(2)　ガス溶接

ガス溶接等の業務に使用する溶解アセチレンの容器の取扱いに関する留意点は次のとおり．

① 火気を使用する場所の附近には，設置しない．

② 容器の温度を40℃以下に保つ．

Super 始　終　陽　気

40℃　　容器

③ 通風または換気の不十分な気密性の高い場所には，貯蔵しない．

④ 運搬するときは，キャップを施す．

⑤ 保管するときは，立てて置く．

⑥ 使用前または使用中の容器とこれら以外の容器との区別を明らかにする．

Point　溶解アセチレンの容器を保管するときは，立てて置く．

(3)　作業主任者

作業主任者は，危険または有害な作業の監視を行う者である．

一例として，次の作業には作業主任者を選任する．

作業内容	作業主任者名
アセチレン溶接装置による溶接作業	ガス溶接作業主任者
土止め支保工の切りばりの取付け作業	土止め支保工作業主任者
張出し足場の組立ての作業	足場の組立て等作業主任者
酸素欠乏危険場所における作業	酸素欠乏危険作業主任者

Point　作業主任者は事業者が選任する．

問題 1　クレーンを使用して機材を揚重する場合の玉掛け作業に関する記述として，最も不適当なものはどれか．

1. 玉掛け用ワイヤロープは，両端にアイを備えているものを使用した．
2. 玉掛け用ワイヤロープがキンクしていたので，曲り直しをして使用した．
3. 使用する日の作業前に，玉掛け用ワイヤロープの異常の有無について点検した．
4. クレーンのフック部で，玉掛け用ワイヤロープが重ならないようにした．

[解答]　キンクのあるワイヤロープは使用できない．→ **2**

問題 2　ガス溶接等の業務に使用する溶解アセチレンの容器の取扱いに関する記述として，「労働安全衛生法」上，誤っているものはどれか．

1. 容器の温度を40℃以下に保つこと．
2. 運搬するときは，キャップを施すこと．
3. 保管するときは，転倒を防止するために横にして置くこと．
4. 使用前または使用中の容器とこれら以外の容器との区別を明らかにしておくこと．

［解答］　容器は立てて保管する．→ **3**

問題 3　作業主任者を選任すべき作業として，「労働安全衛生法」上，定められていないものはどれか．

1. アセチレン溶接装置を用いて行う金属の溶接の作業
2. 分電盤にケーブルを接続する活線近接作業
3. 土止め支保工の切りばりの取付けの作業
4. 張出し足場の組立ての作業

［解答］　活線近接作業については，定められていない．→ **2**

2•5　4. 移動式足場（ローリングタワー）

ローリングタワーの設置に関して次の留意点がある．

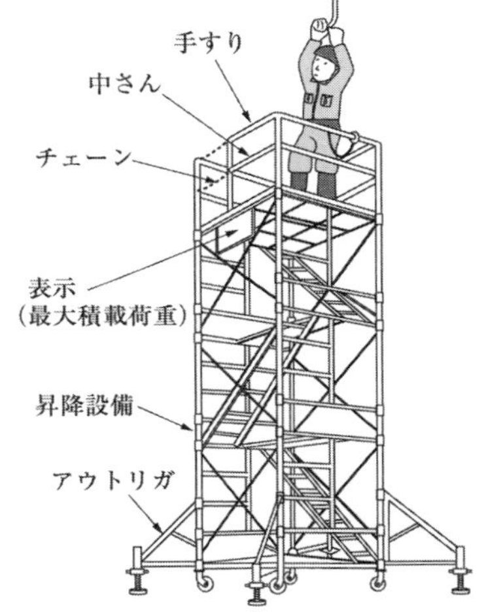

① わく組の最下端近くに，水平交さ筋かいを設ける．

② 最初の建わくを組み立てた後に脚輪を取り付ける．

③ 作業床の足場板は，布わく上にすき間が 3 cm 以下となるように敷き並べて固定する．

④ 作業床の周囲には，床面より 90 cm の高さに手すりを設け，中さんと幅木を取り付ける．

⑤ 作業床上では，脚立の使用を禁止する．

⑥ 作業員が乗ったまま足場を移動させない．

※ 乗ったまま移動してはいけない．

問題　移動式足場（ローリングタワー）の組立作業に関する記述として，最も不適当なものはどれか．

1. わく組の最下端近くに，水平交さ筋かいを設けた．
2. 3 層の足場では，すべての建わくを組み立てた後に脚輪を取り付けた．
3. 作業床の足場板は，布わく上にすき間が 3 cm 以下となるように敷き並べて固定した．
4. 作業床の周囲には，床面より 90 cm の高さに手すりを設け，中さんと幅木を取り付けた．

［解答］　最初の建わくを組み立てた後に，脚輪を取り付ける．→ **2**

第 3 章

●試験の要点

法規の 1 次検定試験の出題傾向は表のとおり（令和 3 年度から）.

法令名	出題数	合計	選択解答数
建設業法	2	12	8
労働安全衛生法	2		
電気事業法	1		
電気工事業の業務の適正化に関する法律	1		
電気用品安全法	1		
電気工事士法	1		
建築基準法	1		
消防法	1		
労働基準法	1		
その他	1		

「建設業法」,「労働安全衛生法」が最も多く，それぞれ 2 題.

「電気事業法」,「電気工事業の業務の適正化に関する法律」,「電気用品安全法」,「電気工事士法」,「建築基準法」,「消防法」,「労働基準法」などが 1 題（電気工事士法から 2 問出題されることもある）.

過去問題をやり，問題のパターンと答えを暗記するのがよい.

3・1　1. 建設業許可

(1) 指定建設業

建設業の業種は29業種あり，そのうち，総合的な施工技術を必要とする重要な建設業であると国土交通省が指定した，次の7つを指定建設業という．

① 舗装工事業　② 土木一式工事業　③ 建築一式工事業
④ 鋼構造物工事業　⑤ 管工事業　⑥ 造園工事業
⑦ 電気工事業

Super ほ　ど　い　い　健　康　肝　臓　で　ん　な
舗装　土木　　建築　鋼構造物　管　造園　電気

(2) 許　可

建設業（29業種）を行う場合，許可を受ける．

① 営業所ごとに資格または実務経験を有する専任の技術者をおく．
② 1つの都道府県に営業所を置く → 都道府県知事の許可
③ 2つ以上の都道府県に営業所を置く → 国土交通大臣の許可
④ 更新は5年ごと．

※ 軽微な工事（電気工事，管工事などで，500万円未満の工事）は許可なくても建設業を行える．

Super ごねると更新しない
5年　更新

建設業の許可は，建設工事の種類に対応する建設業ごとに受ける．

(3) 建設業の種類

建設業には一般建設業と特定建設業がある．

電気工事業では，次の①と②の両方に該当する場合は，特定建設業許可が必要である．

① 発注者から直接請け負う．

② 一部を下請けさせ，その総額が 4 500 万円以上となる（電気工事など）.
※ 建築一式工事は 7 000 万円以上.

Point 発注者から直接請け負わない場合や，下請け金額が 4 500 万円未満は，請負金額がいくらであっても一般建設業の許可でよい.

Super 下　請　仕　事

下請け　4 500 万円

電気工事業に係る一般建設業の許可を受けた者が，電気工事業に係る特定建設業の許可を受けたときは，その一般建設業の許可は効力を失う.

※ 同じ業種で一般と特定の両方の許可を受けることはできない.

たとえば，電気工事業が特定建設業許可で，管工事業が一般建設業許可というのは可.

また，電気工事業の許可だけ受けている場合でも，当該電気工事に附帯する他の建設業に係る建設工事を請け負うことができる.

問題 建設業の許可に関する記述として，「建設業法」上，誤っているものはどれか.

1. 建設業を営もうとする者は，政令で定める軽微な建設工事のみを請け負う者を除き，建設業の許可を得なければならない.
2. 国または地方公共団体が発注者である建設工事を請け負う者は，特定建設業の許可を受けていなければならない.
3. 建設業の許可は，5 年ごとにその更新を受けなければ，その期間の経過によって，その効力を失う.
4. 許可を受けようとする建設業に係る建設工事に関し 10 年以上実務の経験を有する者は，その一般建設業の営業所ごとに置かなければならない専任の技術者になることができる.

［解答］ 特定建設業許可は，発注者が誰であるかによらない. → 2

3・1 2. 技術者

(1) 主任技術者・監理技術者

建設現場には，主任技術者か監理技術者のいずれかを配置する．

電気工事業では，次の①と②の両方に該当する場合は，監理技術者を配置する．

① 発注者から直接請け負う．

② 一部を下請けさせ，その総額が4 500万円以上となる（電気工事など）．

※ 建築一式工事は，7 000万円以上．

Point 発注者から直接請け負わない場合や，下請け金額が4 500万円未満は，請負金額がいくらであっても主任技術者を配置する．

Super 下 請 仕 事

下請け　4 500万円

(2) 職　務

主任技術者および監理技術者は，工事現場における建設工事を適正に実施するため，次の職務を誠実に行う．

① 施工計画の作成，工程管理，品質管理，その他技術上の管理

② 施工に従事する者の技術上の指導監督

(3) 技術者の要件

電気工事の工事現場に置く技術者として認められる者は原則，次のとおり．

●主任技術者

① 2級電気工事施工管理技士の資格を有する者

② 第一種電気工事士の資格を有する者

③ 電気工事に関し10年以上の実務経験を有する者　ほか

●監理技術者

1級電気工事施工管理技士の資格を有する者

(4) 専 任

病院，集会場など公共性のある電気工事で，１件あたりの額が4 000万円以上は専任とする．

※ 建築一式工事は8 000万円以上．

専任は他の工事との掛け持ちはできない．

また，専任の場合，監理技術者は講習を修了し，かつ監理技術者資格者証の交付を受けている者であることが必要である．

監理技術者資格者証とは，１級電気工事施工管理技士の資格を有していることを証明するカード（運転免許証サイズ）．

発注者から請求があった場合，提示しなければならない．

※ 2021年度以降，○○施工管理技士補が新設され，主任技術者の資格を有し，かつ，１級技士補の資格を有する者が現場管理の補佐を行えば，１人の監理技術者が２現場担当できる制度改革が見込まれる．

問題 1 建設工事の施工技術の確保に関する記述として，「建設業法」上，誤っているものはどれか．

1. 発注者から直接電気工事を請け負った一般建設業者は，当該工事現場に主任技術者を置かなければならない．
2. 主任技術者および監理技術者は，当該建設工事の施工に従事する者の技術上の指導監督の職務を誠実に行わなければならない．
3. 多数の者が利用する施設に関する重要な建設工事で政令で定めるものに置く主任技術者または監理技術者は，工事現場ごとに専任の者でなければならない．
4. 発注者から直接電気工事を請け負った特定建設業者は，請け負った工事を下請に出さず自ら施工した場合でも，当該工事現場に監理技術者を置かなければならない．

［解答］ 発注者から直接電気工事を請け負い，下請金額が4 500万円以上となる場合に監理技術者を置く．→ **4**

問題 2　建設現場に置く技術者に関する記述として，「建設業法」上，誤っているものはどれか．

1. 専任の者でなければならない監理技術者は，発注者から請求があったときは，監理技術者資格者証を提示しなければならない．
2. 主任技術者および監理技術者は，建設工事の施工に従事する者の技術上の指導監督の職務を誠実に行わなければならない．
3. 下請負人として建設工事を請け負った建設業者は，その請負代金の額にかかわらず当該工事現場に主任技術者を置かなければならない．
4. 発注者から直接電気工事を請け負った特定建設業者は，下請契約の請負代金の総額にかかわらず当該工事現場に監理技術者を置かなければならない．

［解答］　下請金額が総額で 4 500 万円以上になったときに監理技術者を置く．→ **4**

問題 3　主任技術者および監理技術者の職務に関する記述として，「建設業法」上，定められていないものはどれか．

1. 工程管理
2. 品質管理
3. 予算管理
4. 施工計画の作成

［解答］　予算管理は技術者の職務として定められていない．→ **3**

3･2　1. 事業者が選任する者

(1)　各社が混在

1 つの作業場（建設現場）で元請，下請が合計 50 人以上（常時）の場合，各事業者は下記の者を選任する.

① 統括安全衛生責任者（元請から）

② 元方安全衛生管理者（元請から）

③ 安全衛生責任者（下請各社から）

なお，10〜50 人未満は，店社安全衛生管理者を置く.

(2)　単一の事業所

各企業の事業者は，下記の者を選任する.

① 総括安全衛生管理者

建設業で常時 100 人以上の労働者を使用する事業場におく. 労働安全に関する総括的業務を行う.

② 安全管理者

常時 50 人以上の労働者を使用する事業場にて，安全に係る技術的事項を管理する.

③ 衛生管理者

常時 50 人以上の労働者を使用する事業場にて，衛生に係る技術的事項を管理する.

④ 産業医

常時 50 人以上の労働者を使用する事業場にて，医師の中から資格要件のある者.

⑤ 安全衛生推進者

常時 10 人以上 50 人未満の労働者を使用する事業場におく. 業務は総括安全衛生管理者と同様.

⑥ 作業主任者

危険または有害な作業において，作業員の監視などを行う.

Point　統括(とうかつ)安全衛生責任者と総括(そうかつ)安全衛生管理者を混同しない.

Super　投石すると総監に捕まる

統括安全衛生責任者　総括安全衛生管理者

(3)　選　任

①　事業者が 14 日以内に選任する.

②　選任したら，労働基準監督署長に報告書を提出する.

③　選任した者の氏名を作業場の見やすい箇所に掲示する等により，関係労働者に周知する.

Super　提出を重視

提出　14 日

(4)　統括安全衛生責任者の業務

統括安全衛生責任者が統括管理する事項は次のとおり.

①　協議組織の設置および運営を行うこと.

②　作業間の連絡および調整を行うこと.

③　作業場所を巡視すること.

④　関係請負人が行う安全または衛生の教育に関する指導および援助を行うこと.

⑤　元方安全衛生管理者に技術的事項を管理させること.

問題　特定元方事業者が選任した統括安全衛生責任者が統括管理すべき事項のうち技術的事項を管理させる者として，「労働安全衛生法」上，定められているものはどれか.

1. 安全衛生推進者
2. 店社安全衛生管理者
3. 総括安全衛生管理者
4. 元方安全衛生管理者

［解答］　元方安全衛生管理者に，技術的事項を管理させる. → **4**

3•2　2. 安全衛生教育

(1)　雇い入れ時の教育

事業者は，次の場合，労働者に安全衛生教育を行わなければならない．

① 労働者を雇い入れたとき．

② 労働者の作業内容を変更したとき．

③ 有害な業務に就かせるとき．

※ 危険または有害な業務に就かせるときは，特別の教育を行う．

また，雇い入れ時の教育内容は次のとおり．

① 作業開始時の点検に関すること．

② 作業手順に関すること．

③ 整理，整頓および清潔の保持に関すること．

④ 事故時等における応急措置および退避に関すること．

※ 労働災害の補償は教育事項にない．

(2)　感電防止

移動式電動機械器具で，対地電圧が 150 V をこえるものが接続される電路には，感電防止用漏電しゃ断装置を接続する．

Super 移動で大地を行こう

移動式　対地　150 V

問題 事業者が労働者に安全衛生教育を行わなければならない場合として，「労働安全衛生法」上，定められていないものはどれか．

1. 労働災害が発生したとき
2. 労働者を雇い入れたとき
3. 労働者の作業内容を変更したとき
4. 省令で定める有害な業務に就かせるとき

[解答]　労働災害が発生したときは，定められていない．→ **1**

3・3　1. 電気事業法

(1)　電気工作物

電気工作物とは，発電，変電，送電（配電），電気の使用のために設置する機械，器具，ダム，水路，貯水池，電線路その他の工作物をいう．ただし，船舶，車両，航空機は除く．

Point　電気工作物から，船舶，車両，航空機は除かれている．

(2)　種　類

電気工作物は次のように分類される．

① 一般用電気工作物

- 600 V 以下の電圧で受電する電気工作物
- 600 V 以下の小出力発電設備

太陽電池発電……50 kW 未満

風力発電，水力発電……20 kW 未満

内燃力発電，燃料電池……10 kW 未満

② 事業用電気工作物（自家用電気工作物を含む）

※　事業用電気工作物のうち，電気事業用の電気工作物以外を，自家用電気工作物と定義．

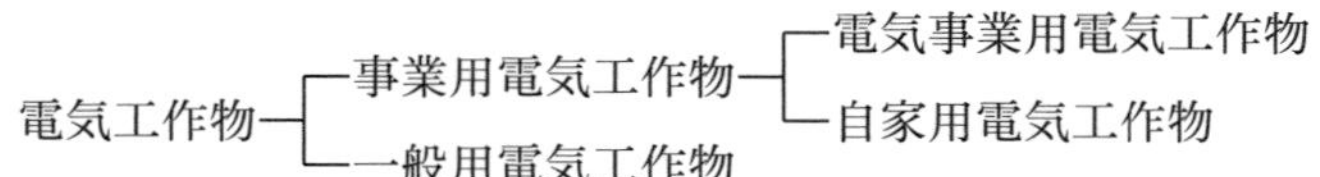

(3)　保安規程

事業用電気工作物の設置者は，電気工作物の適正な維持，運用を行うため，保安規程を定める．

保安規程に定める事項は次のとおり．

① 電気工作物の運転または操作に関すること．

② 保安のための巡視，点検および検査に関すること．

③ 業務を管理する者の職務および組織に関すること．

④ 工事，維持および運用に関する保安についての記録に関すること．

⑤ 工事，維持および運用に従事する者に対する保安教育に関すること．

⑥ 災害その他非常の場合に採るべき措置に関することなど．

Point　工事，維持および運用に従事する者の健康管理に関することや，電気エネルギーの使用の合理化に関することは定められていない．

問題 1　電気工作物として，「電気事業法」上，定められていないものはどれか．

1. 水力発電のための貯水池および水路
2. 電気鉄道の車両に設置する変電設備
3. 電気事業者から電気鉄道用変電所へ電力を供給するための送電線路
4. 火力発電のために設置するボイラ

[解答]　車両に関するものは電気工作物から除外されている．→ **2**

問題 2　自家用電気工作物の工事，維持および運用に関する保安を確保するために，保安規程に必要な事項として，「電気事業法」上，定められていないものはどれか．

1. 災害その他非常の場合に採るべき措置に関すること．
2. 業務を管理する者の職務および組織に関すること．
3. エネルギーの使用の合理化に関すること．
4. 保安についての記録に関すること．

[解答]　エネルギーの使用の合理化に関することは電気事業法に定められていない．→ **3**

3・3　2. 電気工事業の業務の適正化に関する法律

(1)　備えなければならない器具

一般用電気工事の業務を行う営業所に備えなければならない器具は次のとおり.

①　絶縁抵抗計

②　接地抵抗計

③　回路計（抵抗および交流電圧を測定）

Super　抵抗測れるもの3つ

Point　低圧検電器，絶縁耐力試験装置の定めはない.

(2)　主任電気工事士

一般用電気工事の業務を行う営業所には，営業所ごとに主任電気工事士を置く．主任電気工事士になるには，次のいずれか.

①　第一種電気工事士

②　第二種電気工事士取得後，実務経験3年以上

Super　主　任　さ　ん　ね

主任電気工事士　3年

Point　二種は3年の実務経験が必要だが，一種は不要.

(3)　帳簿の記載事項

電気工事業者は，電気工事ごとに次の事項を記載した帳簿を備える.

①　注文者の氏名または名称および住所

②　電気工事の種類および施工場所

③　施工年月日

④　主任電気工事士および作業者氏名

⑤　配線図

⑥　検査結果

Point　営業所の名称および所在場所，主任電気工事士の免状の種類および交付番号は記載不要．

問題 1　電気工事業者が，一般用電気工事のみの業務を行う営業所に備えなければならない器具として，「電気工事業の業務の適正化に関する法律」上，定められていないものはどれか．

1. 低圧検電器
2. 絶縁抵抗計
3. 接地抵抗計
4. 抵抗および交流電圧を測定することができる回路計

[解答]　定められているのは，絶縁抵抗計，接地抵抗計，回路計の 3 つである．→ **1**

問題 2　登録電気工事業者が，一般用電気工事の業務を行う営業所ごとに置く主任電気工事士になることができる者として，「電気工事業の業務の適正化に関する法律」上，定められているものはどれか．

1. 第一種電気工事士
2. 認定電気工事従事者
3. 第三種電気主任技術者
4. 一級電気工事施工管理技士

[解答]　主任電気工事士になれるのは，第一種電気工事士か，第二種電気工事士で実務経験 3 年以上である．→ **1**

3・3　3. 電気用品安全法

(1) 電気用品とは

次に掲げる物をいう.

① 一般用電気工作物の部分となり，またはこれに接続して用いられる機械，器具または材料

② 携帯発電機

③ 蓄電池

Point　一般用電気工作物に使用されるものであること.

(2) 電気用品の適用

電気用品であるもの	電線，電線管，配線器具，ヒューズ，フロアダクト，放電灯用安定器　など
電気用品でないもの	プルボックス　ケーブルラック　がいし　サドル　など

(3) 記号等

電気用品 ＜ 特定電気用品（危険性の高いもの）　記号は左図
　　　　　 特定電気用品以外の電気用品　　　　記号は右図

問題　電気工事に使用する機材のうち，「電気用品安全法」上，電気用品として定められていない種類はどれか.

1. ケーブルラック
2. ヒューズ
3. 配線器具
4. 電線管

［解答］ 1

3・3　4. 電気工事士法

(1)　電気工事士等

電気工事士は，第一種電気工事士と第二種電気工事士の 2 つである．

それ以外に，特種電気工事資格者，認定電気工事従事者がある．これらを含めて電気工事士等と表現する．

①　電気工事士には，第一種電気工事士と第二種電気工事士があり，免状は，都道府県知事が交付する．

②　認定電気工事従事者認定証は，経済産業大臣が交付する．

③　特種電気工事資格者認定証は，経済産業大臣が交付する．

※　法令違反による免状返納も，免状交付者が命じることができる．

資格名称	従事可能な範囲
第一種電気工事士	一般用電気工作物，自家用電気工作物
第二種電気工事士	一般用電気工作物
認定電気工事従事者	一般用電気工作物 自家用電気工作物に係る簡易電気工事
特種電気工事資格者	ネオン工事，非常用予備発電装置工事

簡易電気工事とは，自家用電気工作物における低圧部分の工事で，第二種電気工事士免状では作業できない．

Point　電気工事士（一種，二種とも）の免状交付は都道府県知事

(2)　電気工事士でなくてもできる工事

電気工事士の資格がなくてもできる工事は次のとおり．

①　露出コンセント・スイッチの取り替え

②　ヒューズの取付け

③　電柱，腕木の設置

④　地中電線管の設置

⑤　電力量計の取付け　など

問題 1　電気工事士等に関する記述として，「電気工事士法」上，誤っているものはどれか.

1. 第一種電気工事士は，一般用電気工作物に係る電気工事の作業に従事できる.
2. 第二種電気工事士は，自家用電気工作物に係る簡易電気工事の作業に従事できる.
3. 特殊電気工事の種類には，ネオン工事と非常用予備発電装置工事がある.
4. 電気工事士免状は，都道府県知事が交付する.

[解答]　第二種電気工事士の資格だけでは，自家用電気工作物の低圧部分（コンセントなど）の作業はできない．第一種電気工事士資格を取得するか，認定電気工事従事者（講習で取得）が必要．→ **2**

問題 2　一般用電気工作物において，「電気工事士法」上，電気工事士でなければ従事してはならない電気工事の作業から除かれているものはどれか.

1. 金属製の電線管を曲げる作業
2. 地中電線用の管を設置する作業
3. 電線相互を接続する作業
4. 電線を直接造営材に取り付ける作業

[解答]　地中電線用の管を設置する作業は，電気工事士でなくても行ってよい．→ **2**

3・4　1. 建築基準法

(1)　用　語

①　建築物

土地に定着する工作物のうち，屋根および柱もしくは壁を有するもの（これに類する構造のものを含む.），これに附属する門もしくは塀，観覧のための工作物または地下もしくは高架の工作物内に設ける事務所，店舗，興行場，倉庫その他これらに類する施設をいい，建築設備を含むものとする.

※　鉄道のプラットホームの上家は，建築物から除かれている.

②　特殊建築物

学校（専修学校および各種学校を含む. 以下同様とする），体育館，病院，劇場，観覧場，集会場，展示場，百貨店，市場，ダンスホール，遊技場，公衆浴場，旅館，共同住宅，寄宿舎，下宿，工場，倉庫，自動車車庫，危険物の貯蔵場，と畜場，火葬場，汚物処理場その他これらに類する用途に供する建築物をいう.

※　事務所，個人住宅は特殊建築物ではない.

③　建築設備

建築物に設ける電気，ガス，給水，排水，換気，暖房，冷房，消火，排煙もしくは汚物処理の設備または煙突，昇降機もしくは避雷針をいう.

④　主要構造部

壁，柱，床，はり，屋根または階段をいい，建築物の構造上重要でない間仕切壁，間柱，附け柱，揚げ床，最下階の床，廻り舞台の床，小ばり，ひさし，局部的な小階段，屋外階段その他これらに類する建築物の部分を除くものとする.

⑤　不燃材料

建築材料のうち，不燃性能（通常の火災時における火熱により燃焼しないことその他の政令で定める性能をいう）に関して政令で定める技術的基準に適合するもの.

※　コンクリート，れんが，瓦，アルミニューム，ガラス，モルタルなど.

問題 1　建築物の主要構造部として，「建築基準法」上，定められていないものはどれか．

1. 壁
2. 柱
3. はり
4. 基礎

［解答］ **4**

問題 2　建築物等に関する記述として，「建築基準法」上，誤っているものはどれか．

1. 体育館は，特殊建築物である．
2. 屋根は，主要構造部である．
3. 防火戸は，建築設備である．
4. ロックウールは，不燃材料である．

［解答］ **3**

問題 3　建築設備として，「建築基準法」上，定められていないものはどれか．

ただし，建築物に設けるものとする．

1. 避雷針
2. 昇降機
3. 誘導標識
4. 煙突

［解答］ **3**

3･5　1. 消防法

(1)　用　語

① 防火対象物……建築物，工作物，山林，船舶，自動車など.

② 特定防火対象物……劇場，百貨店など不特定多数や老人福祉施設など災害弱者(行動力にハンディキャップのある人)の集まる建物.

③ 防火管理者……学校，病院，百貨店などで，防火管理上必要な業務を行う者. 消防計画の作成や防災訓練の実施などを行う.

④ 消防用設備等……消防の用に供する設備，消防用水，消火活動上必要な施設をいう.

(2)　消防用設備等

消防法に規定された消防用設備等は，次のとおり.

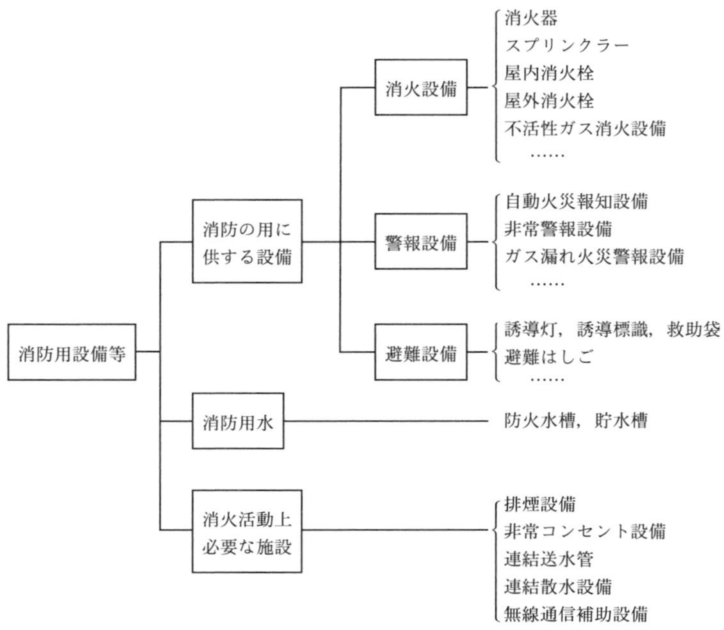

Point　非常用の照明装置は，建築基準法に定められている．

(2)　消防設備士

甲種と乙種がある．

① 甲種（1～5類および特類）は消防用設備等の点検，整備，工事が行える．

② 乙種（1～7類）は消防用設備等の点検，整備が行える．
自動火災報知設備は4類に該当する．

Point　工事が行えるのは甲種である．

(3)　消防設備士でなくてもできる工事

消防設備士が行うのは，原則として消防用設備等に関係したものであるが，次の設備の点検・整備や工事は消防設備士の免許は不要．

① 非常警報設備

② 誘導灯

③ 受信機への電源工事　など

問題 1　消防用設備等のうち消火活動上必要な施設として，「消防法」上，定められていないものはどれか．

1. 排煙設備
2. 連結散水設備
3. 自動火災報知設備
4. 非常コンセント設備

［解答］　自動火災報知設備は，消防の用に供する設備の警報設備に分類される．→ **3**

問題 2　消防設備士に関する記述として，「消防法」上，誤っているものはどれか.

1. 甲種消防設備士の免状の種類は，第 1 類から第 5 類および特類の指定区分に分かれている.
2. 乙種消防設備士の免状の種類は，第 1 類から第 7 類の指定区分に分かれている.
3. 自動火災報知設備の電源部分の工事は，第 4 類の甲種消防設備士が行わなければならない.
4. 消防設備士は，都道府県知事等が行う工事または整備に関する講習を受けなければならない.

［解答］　電源部分の工事は電気工事士が行う. → **3**

問題 3　消防用設備等の設置に係る工事のうち，消防設備士でなければ行ってはならない工事として，「消防法」上，定められていないものはどれか.

ただし，電源，水源および配管の部分を除くものとする.

1. ガス漏れ火災警報設備
2. 屋内消火栓設備
3. 非常警報設備
4. 不活性ガス消火設備

［解答］　非常警報設備は消防設備士の免状は不要である. → **3**

3・6　1. 労働基準法

(1)　賃　金

①　賃金は毎月1回以上，支払日を決めて支払う．

②　賃金（退職手当を除く）の支払いは，原則として通貨で直接労働者に支払う．労働者本人の同意があれば，銀行に振り込むことはできる．

※　小切手は不可

③　親権者が，未成年者の賃金を未成年者に代って受け取ることはできない．

(2)　労働者名簿

使用者が労働者名簿に記入しなければならない事項は次のとおり．

①　労働者の雇入の年月日

②　労働者の住所

③　労働者の生年月日

④　労働者の履歴

⑤　従事する業務の種類

⑥　死亡の年月日およびその原因

⑦　退職の年月日およびその事由

Point　労働時間数，労働日数は記載不要．

(3)　満18歳に満たない者

満18歳に満たない者を就かせてはならない業務例は次のとおり．

①　クレーンの運転の業務

②　電圧が300Vを超える交流の充電電路の点検，修理または操作の業務

③　動力により駆動される土木建築用機械の運転の業務

④　土砂が崩壊するおそれのある場所における業務

⑤　高さが 5 m 以上の場所で，墜落により危害を受けるおそれのあるところにおける業務

⑥　坑内での作業

Point　地上または床上における足場の組立または解体の補助作業の業務は 18 歳未満でも行うことができる．

問題 1　使用者が，労働者名簿に記入しなければならない事項として，「労働基準法」上，定められていないものはどれか．

1. 労働者の生年月日
2. 労働者の雇入の年月日
3. 労働者の住所
4. 労働者の労働日数

［解答］　労働者の労働日数は記入事項にない．→ **4**

問題 2　満 18 歳に満たない者を就かせてはならない業務から，「労働基準法」上，除かれているものはどれか．

1. 電圧が 300 V を超える交流の充電電路の点検，修理または操作の業務
2. 地上または床上における足場の組立または解体の補助作業の業務
3. 高さが 5 m 以上の場所で，墜落により危害を受けるおそれのあるところにおける業務
4. 動力により駆動される土木建築用機械の運転の業務

［解答］　地上または床上における足場の組立または解体の補助業務は，18 歳未満でも行うことができる．→ **2**

3・6　2. 廃棄物の処理および清掃に関する法律

(1)　廃棄物

建設現場から発生するものを建設副産物といい，次のように分類される．

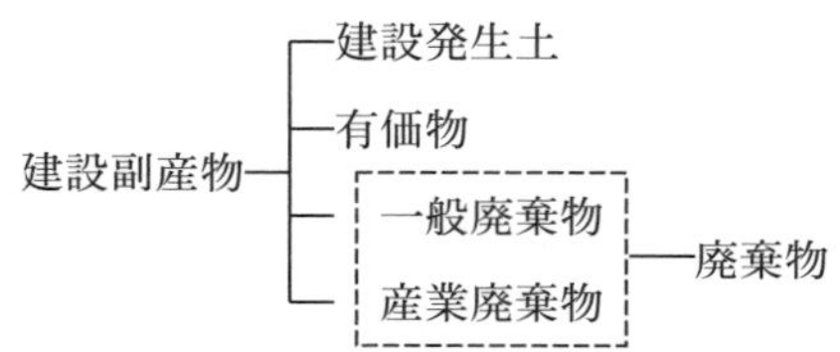

産業廃棄物は，産業活動により排出される廃棄物をいい，一般廃棄物はそれ以外をいう．

Point　建設発生土は産業廃棄物ではない．

事業活動に併って生じた廃棄物は，事業者が自らの責任において処理しなければならない．

また，産業廃棄物管理票（マニフェスト）は，産業廃棄物の種類ごとに交付する．

問題　建設工事に伴って生じたもののうち産業廃棄物として，「廃棄物の処理および清掃に関する法律」上，定められていないものはどれか．

1. 汚泥
2. 木くず
3. 紙くず
4. 建設発生土

［解答］　建設発生土は産業廃棄物ではない．→ **4**

3・6　3. 大気汚染防止法

ばい煙として定められている主なものは次のとおり.

① 鉛
② 塩素
③ 塩化水素
④ カドミウム
⑤ 窒素酸化物

Point ばい煙として定められていないものとして，一酸化炭素，二酸化炭素が多出している.

Super 遺 産 で 兄 さん 煙 に 巻 く
一酸化炭素　二酸化炭素　ばい煙でない

問題 物の燃焼，合成等に伴い発生する物質のうち，「大気汚染防止法」上，ばい煙として定められていないものはどれか.

1. 鉛
2. 塩素
3. カドミウム
4. 一酸化炭素

[解答] 一酸化炭素は，ばい煙ではない. → **4**

3･6 4. 環境基本法

公害の要因は次の7つである.

① 大気汚染

② 水質汚染

③ 地盤沈下

④ 振動

⑤ 土壌汚染

⑥ 悪臭

⑦ 騒音

Super 大水と地震でどじょうが悪騒ぎ

大	水	地	振	土	悪	騒
気	質	盤	動	壌	臭	音
汚	汚	沈		汚		
染	染	下		染		

Point 妨害電波, 日影は公害から除かれている.

問題 公害の要因として,「環境基本法」上, 定められていないものはどれか.

1. 振動
2. 悪臭
3. 妨害電波
4. 地盤の沈下

[解答] 妨害電波は, 公害7項目から除かれている. → **3**

3･6　5. 道路法

(1)　使用許可と占用許可

道路使用許可とは，道路上で工事を行うために警察署長から許可を得ることで，道路占用許可は，道路上，道路下に工作物を設置するために道路管理者から許可を得ることをいう．

【例】道路占用許可

① 電力引込みのために，電柱を道路に設置する．

② 配電用のパッドマウント変圧器を道路に設置する．

③ 道路の一部を掘削して，地中ケーブル用管路を道路に埋設する．

Point　街路灯の電球を交換するために，作業用車両を道路に駐車するのは道路使用である．

(2)　記載事項

道路の占用許可申請書に記載する事項として，次のものがある．

① 道路の復旧方法

② 道路の占用の期間

③ 工作物，物件または施設の構造

Point　工作物，物件または施設の維持管理方法は記載不要．

問題　道路の占用許可申請書に記載する事項として，「道路法」上，定められていないものはどれか．

1. 道路の復旧方法
2. 道路の占用の期間
3. 工作物，物件または施設の構造
4. 工作物，物件または施設の維持管理方法

［解答］　維持管理方法については定められていない．→ 4

第 4 章

完全暗記50項目

●**試験の要点**

過去の記述式問題は，9 つの電気工事に関する用語から 3 つ選び，技術的内容をそれぞれ 2 つ具体的に記述させる．

※ 技術的な内容とは，施工上の留意点，選定上の留意点，動作原理，発生原理，定義，目的，用途，方式，方法，特徴，対策などをいう．

完全暗記 50 項目の用語は過去問題からよく出るものと，最近の動向を踏まえて選んである．用語末尾の数字は出題年度．

50 項目は，1 次検定での学習としては内容理解に努め，2 次検定は記述式であるため，完全に暗記する必要がある．

1. 解 答 の①はその用語の本質的な説明．
2. 解 答 の②は拡大，補足的説明．

 ※ 解 答 は解答例である．

3. 一字一句を丸暗記するのは難しいので，太字のキーワードをよく覚えておく．
4. **なるほど!** は 解 答 の内容を図で表示，キーワードの説明などであり，1 次検定対策としても有効である．

1 太陽光発電システム (R 2, H 28, 25)

解 答

① 太陽の**光エネルギー**を**電気エネルギー**に変える，太陽電池システムをいう.

② 太陽電池は**シリコン**の**単結晶**，**多結晶**，**アモルファス**があり，交直変換装置，系統連係保護装置などで構成される.

なるほど!

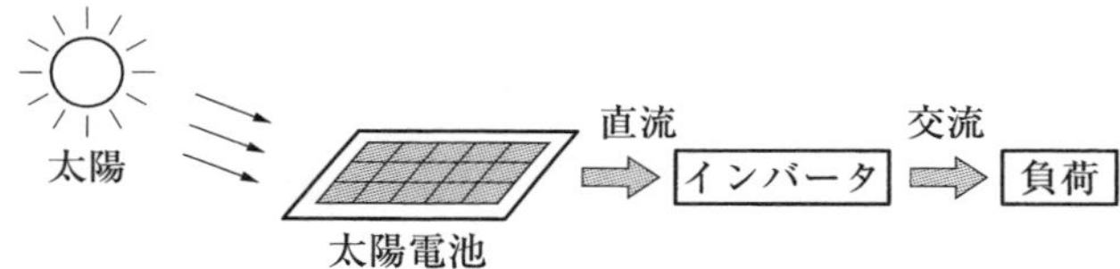

pn 接合の半導体は直流を発生するので，インバータにより交流に変換する必要がある.

2 風力発電 (R 5, R 3, H 30, 27, 22)

解 答

① **風力**にて発電するため，一般に風速 5 m/s 程度の風が必要で，日本では青森県，北海道などの**沿岸地**などに多く建設されている.

② 風力のエネルギー E は，受風面積を S，風速を v とすると，$\boldsymbol{E \propto Sv^3}$ であり，風速が大きく影響する.

なるほど!

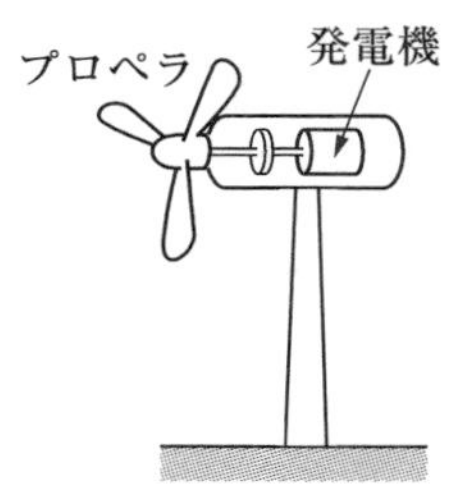

●長所

風力発電は，燃料を必要としないので，排気ガスを発生しないクリーンなエネルギーである.

●短所

風力発電は，風が弱すぎる場合や，台風などの強風時には危険なため発電することができない．風任せということなので，電力の安定供給に難がある．

3 揚水式発電 （R 4, H 29, 26, 23）

解 答

① 河川の上流に**貯水池**を設け，深夜など電力需要の少ないときや豊水期に，**余剰電力**で上池に貯水しておき，**ピーク負荷時**に発電する方式をいう．

② 一般に，ポンプと水車，発電機と電動機を兼用した，**同期発電電動機**が用いられる．

なるほど！

- 豊水期……ダムに流れ込む河川流量が豊富な時期
- ピーク負荷……ある期間（通常は1日）内での最大負荷
- 同期発電電動機……同期発電機と同期電動機の両方の定格をもつ同期機

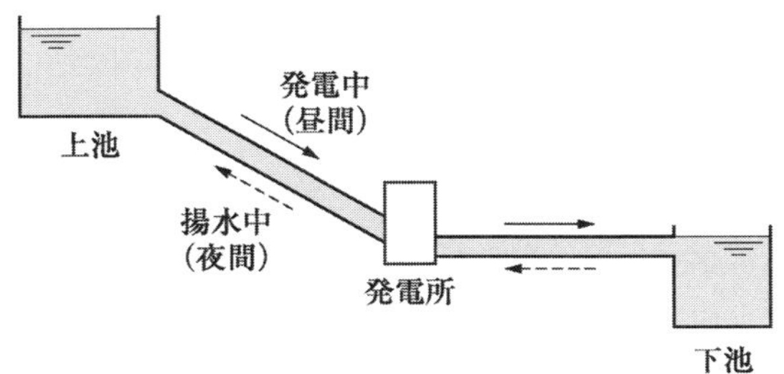

4 燃料電池

解 答

① 水の電気分解と逆の反応で，**酸素と水素を結合**し，水と電気を得る．二酸化炭素をほとんど排出せず**クリーンなエネルギー**である．

② 都市型**コージェネレーション**，**分散型電源**として有望．**発電効率**が高

い.

なるほど!

- NO_x（窒素酸化物），SO_x（イオウ酸化物）の発生が少ない.
- 騒音，振動が少ない.
- 排熱利用でき，80％程度の総合効率あり.
- 天然ガス，メタノール等の燃料を，水素等のガスに改質し，これと空気中の酸素を反応させて発電する.
- コージェネレーション＝熱併給発電
- 太陽電池，風力発電と並び，新エネルギーの御三家として注目されている.

5　水力発電の水車　(H 21)

解 答

① **落差**による水のエネルギーを，**回転エネルギー**に変換する機械装置をいう.

② **衝動水車**としてペルトン水車，**反動水車**としてフランシス水車，プロペラ水車などがある.

なるほど!

衝動水車は，ノズルから噴出させた水を羽根車のバケットに当て，その衝撃力で回転する水車.

反動水車は，水の速度エネルギーと圧力エネルギーを利用して回転する水車.

6　ACSR　(H 17)

解 答

① **鋼心アルミより線**のことで，アルミの軽さと**高い導電率**および鋼の強い**引っ張り強さ**を活かし，長径間の**超高圧送電線**に多用される.

② 外径が大きく，**コロナ損**が少ないという利点がある.

なるほど！

- 銅に比べると導電率（電気の流れやすさ）は劣るが，軽量，施工性で勝る．
- ACSR：鋼心アルミより線
  TACSR：鋼心耐熱アルミ合金より線
  UTACSR：鋼心超耐熱アルミ合金より線
- TACSR（T：サーモ），UTACSR（UT：ウルトラサーモ）は，許容電流が大きい．

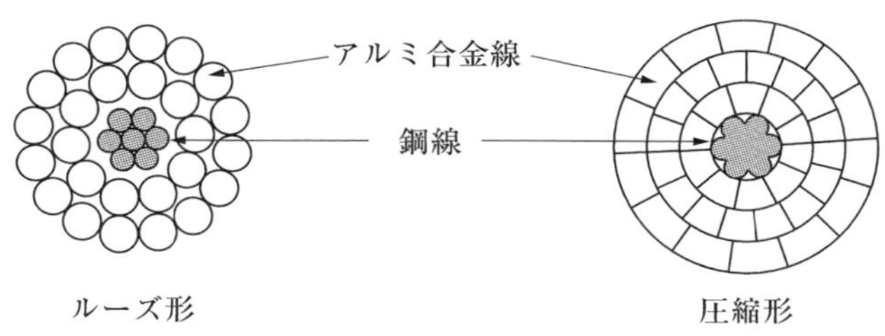

7　送電線のねん架　（H 24）

解答

① 架空送電線路の**インダクタンス**，**静電容量**が等しくなるように，電路を数区間に分け，ほぼ等距離で**各線の位置を変える**ことをいう．

② 近接する通信線への**誘導障害を防止**することができる．

なるほど！

ねん架とは，各相の架空電線を捻（ひね）ること．3〜5 基の鉄塔間で 1 捻り（360 度）させる．

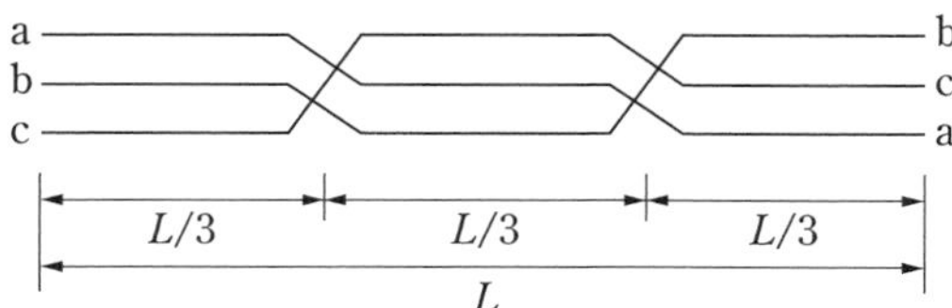

8 架空送電線のたるみ (R 3, H 29, 26, 16)

解 答

① 架空送電線は，温度による伸縮があるため，地上からの**必要な高さ**を確保したうえで，**適度なたるみをとる**ことが必要である．

② たるみ $\boldsymbol{D} = \boldsymbol{wS^2/8T}$〔m〕で表せる．

なるほど！

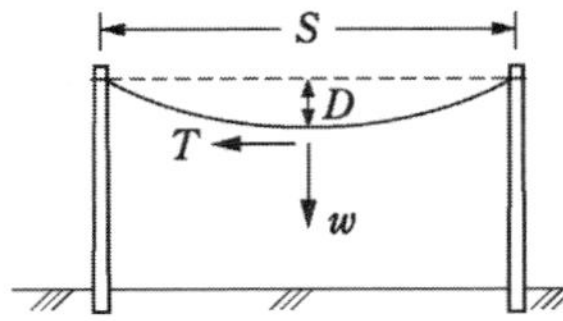

T：電線の張力〔N〕
w：電線の荷重〔N/m〕
S：スパン（径間）〔m〕

9 架空地線 (R 4, R 1, H 27, 21, 18, 14)

解 答

① 架空送電線の上部に送電線と平行に張った電線で，**落雷時の異常電圧**を受け止め，**大地に放電**する．

② 通信線への**誘導障害対策**としても効果がある．

なるほど！

- 雷電圧は，架空地線→鉄塔→接地極へと放電される．

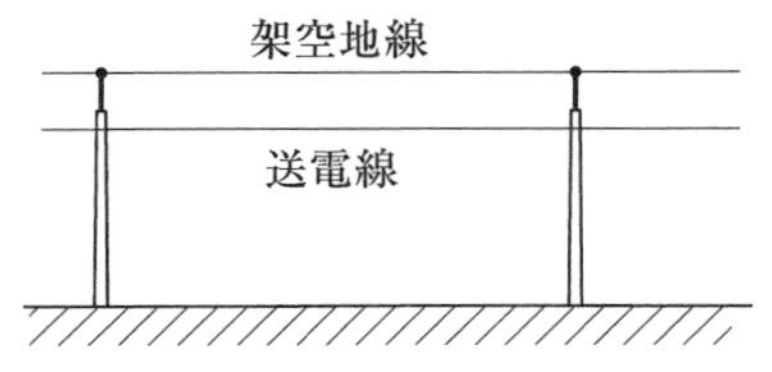

- 条数が多いほど効果があり，重要な送電線には2～3条設けることが多い．

  これにより雷電流は分流し，1条当たりの遮へい角は小さくなる．

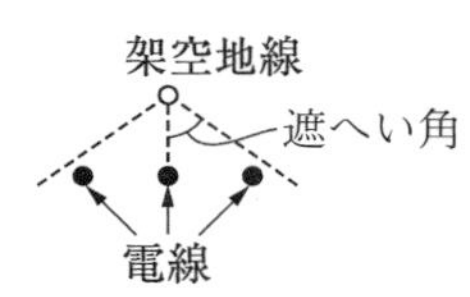

- 鉄塔の接地抵抗が大きいと鉄塔の電位が上昇し，逆フラッシオーバとなるので，接地極につなぐ．

10 電線の許容電流　(R 5, R 3, H 29)

解 答

① 絶縁電線やケーブルなどに流すことのできる最大の電流で，**安全電流**ともいう．

② 導体に電流を通じると，**抵抗損**により，**発熱**（ジュール熱）する．これが電線の絶縁物等の劣化原因となる．

なるほど!

・許容電流は，電線の太さ，材質，周囲温度等により異なる．

600 V ビニル絶縁電線（IV 線）の太さと許容電流の関係は表のとおり．

IV 電線の直径（mm）	許容電流（A）
1.6	27
2.0	35
2.6	48

※表は，がいし引き（架空）配線の数値であり，電線管に入れると許容電流は下がる．

11 EM（エコ）電線　(H 24, 17)

解 答

① エコとは**エコマテリアル**の略で，絶縁材としてポリエチレンを使っており，**環境負荷を低減**した電線である．

② 導体部は銅，アルミを使用し，**リサイクル**が可能である．

なるほど!

屋内配線で使用される IV 電線は絶縁材としてビニルを使用しているが，焼却炉で廃棄処分するときに有毒ガスを発生する．

12 CVT ケーブル

解 答

① 架橋ポリエチレン絶縁ビニルシースケーブルの**単心を 3 本撚ったもの**.

② CV ケーブルに比べ，**耐熱性・加工性**に優れ，**許容電流**も大きい.

なるほど!

CVT ケーブルの断面構造は図のとおり.

〔トリプルレックス形〕

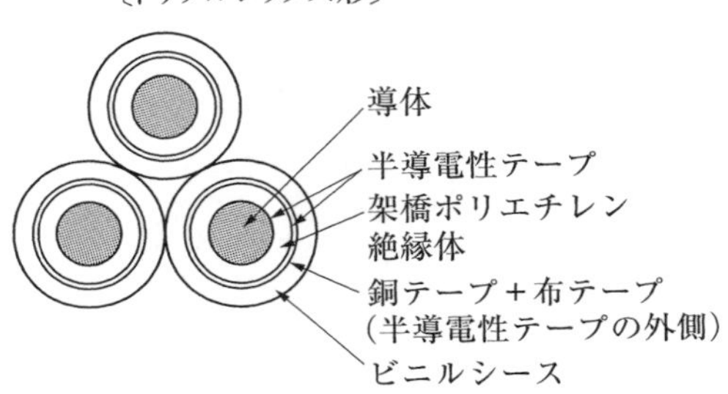

13 光ファイバケーブル (R 5, R 2, H 28, 25, 22, 18, 14)

解 答

① **ディジタル信号**を**光信号**に変換して伝送する，光通信用のケーブルである.

② 光ファイバは**コア**と**クラッド**の二層構造で，光は**屈折率**の高いコアの中を全反射して進む.

なるほど!

●長所→伝送容量大
電磁誘導を受けない
低損失
軽量，細径
化学的腐食に強い

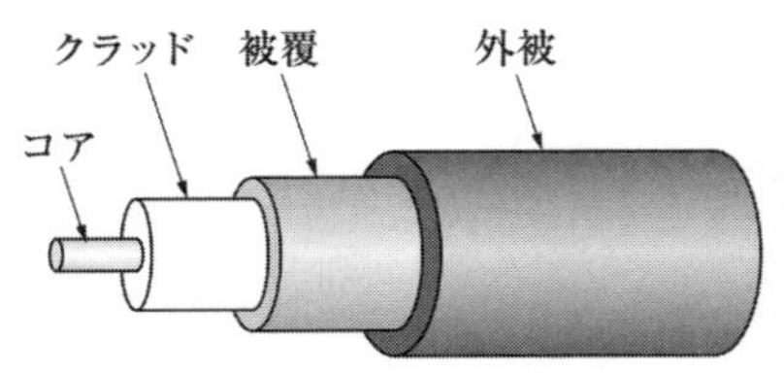

●短所→振動に弱い
急角度の曲げに弱い
切断，接続に高度な技術を要する

14 UTPケーブル　（R 4, R 1, H 26, 23, 19）

解答

① 非シールドの何対かの絶縁線を，ビニルチューブで覆った**ツイストペア・ケーブル**のこと．

② 非シールドのためノイズに弱く，**電磁誘導障害を受けやすい**ので，電源ケーブルから**十分な離隔**をとる．

なるほど！

UTPケーブルは，一般的なLANケーブルとして使用されている．

UTP（アンシールデッドツイストペア＝シールド無）

STP（シールデッドツイストペア＝シールド有）の意味．

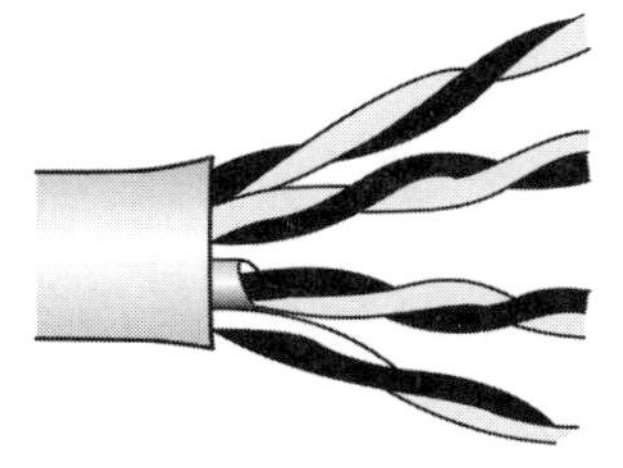

STPケーブルは，芯線をアルミでカバーしてあり，電磁波やノイズに強い．

15 高周波同軸ケーブル　（H 21）

解答

① 中心導体とその回りに導体を配した構造で，**高周波の伝送用**として用いられる．

② テレビ受信用として，**5 C-2 V**や，低損失の**5 C-FB**などがある．

なるほど！

16　配電線路のバランサ　(H 25, 20)

解 答

① 単相 3 線式配電線路の受電端に取り付け，**電圧の平衡**（バランス）を行う，巻数比 1：1 の**単巻変圧器**をいう．

② 中性線の断線，中性線と外線の短絡などによる**異常電圧を抑制**する．

なるほど!

バランサを接続すると，中性線へ流れていた電流がバランサに移り，中性線に電流が流れなくなる．

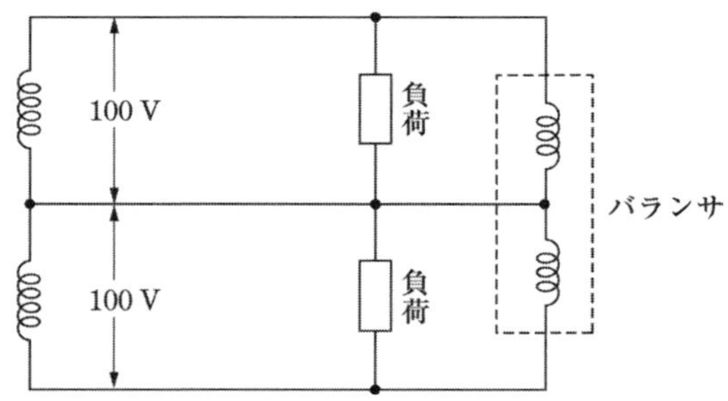

17　スター・デルタ始動方式　(R 3, H 28, 24, 14)

解 答

① 電動機の始動時に**スター結線**（Y 結線）とし，全負荷速度付近になって**デルタ結線**（Δ 結線）に切り替える始動方式をいう．

② かご形誘導電動機の，5.5〜15 kW 程度の**中型電動機**に多用される．

なるほど!

・スター結線では始動電流が 1/3 となる．

※　R 2 年度は，「三相誘導電動機の始動方法」として出題．

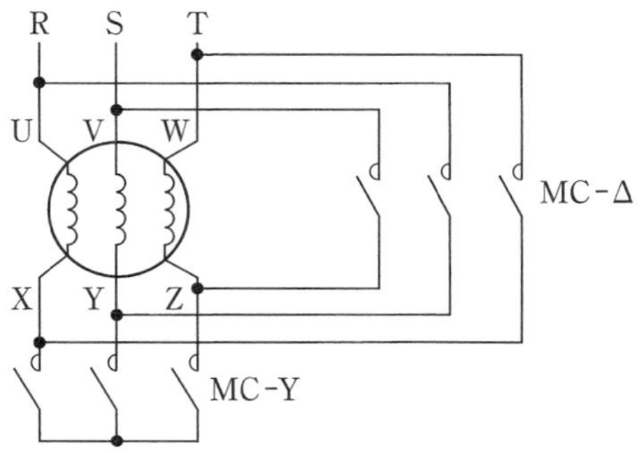

18　電力設備の需要率　(H 25, 18)

解 答

① 設備されたすべての負荷の消費電力に対し，同時に使用される使用電力（**最大需要電力**）の比をいう．

② 需要率を考慮することにより，**配電線の太さ**，受変電設備の**機器の容量**などを小さくすることができる．

なるほど!

需要率＝(最大需要電力/設備容量の和)×100〔%〕

〔例〕たとえば，家にある電気製品の総 kW が 10 kW であり，年間を通じて最大 6 kW の電気製品を使用すると，需要率＝6/10＝60%である．

19　力率改善　(R 4, R 1, H 26, 23, 17, 14)

解 答

① **遅れ力率**の負荷を，電力用**コンデンサ**を並列に接続することで**力率を 1** に近づけることをいう．

② 力率改善を行うことにより，**電圧降下や電力損失の軽減**，電力料金が安くなるなどの効果がある．

なるほど！

力率を改善するため，電力用コンデンサ，調相機を負荷と並列に接続する．モータをはじめとし，電力系統の負荷の多くは，電流が電圧に対して遅れる．このような負荷を遅れ力率の負荷という．

20 スコット結線変圧器 (R 2, H 25)

解 答

① 三相から二相に変換する変圧器のことで，**三相電源から単相負荷**に電源供給する．

② **ビルや工場**は三相非常用発電機にスコット変圧器を接続し，単相二系統へ給電する方式が多い．

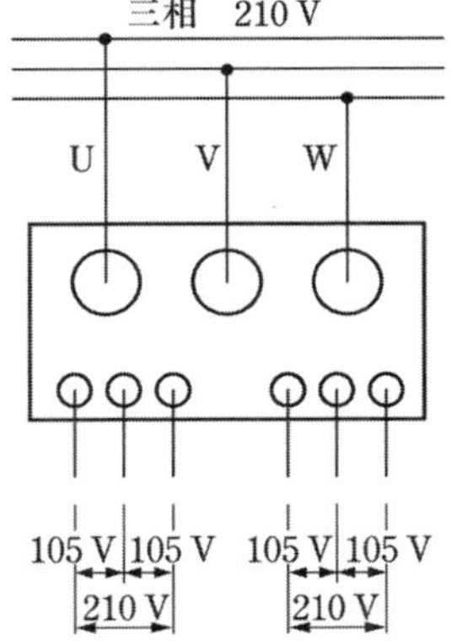

なるほど！

スコット変圧器を使用し，単相負荷を二系統に分割すれば，三相電源のアンバランスが無い．二次側の結線は「単二専用」「単三専用」「単二単三共用」のいずれかとなる．

図は単相三線負荷の場合．

21 変圧器のコンサベータ (H 24, 20, 17)

解 答

① 油入変圧器の油と**空気との接触**による**絶縁劣化を防止**するため，変圧器本体に付加する装置をいう．

② 油入変圧器本体と管でつなぎ，絶縁油と空気の接触面積を少なくし，**油の吸湿，酸化を防止**する．

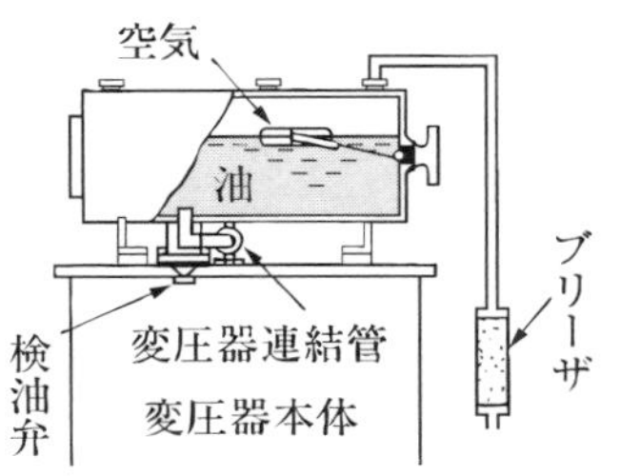

なるほど!

・変圧器絶縁油の吸湿，酸化がすすむと，絶縁耐力の低下，酸価値の上昇などの劣化がみられる．

・変圧器はブリーザという吸湿装置を介して，外気と呼吸作用を行っている．

22　単相変圧器のV結線　(H 30, 28, 22)

解答

①　**単相変圧器2台**を用いてV形結線すると，**三相電源**が供給できる．

②　単相変圧器1台の容量をP〔kV·A〕とすると，2台で$\sqrt{3}\,P$〔kV·A〕が供給でき，1台の利用率は約87%である．

なるほど!

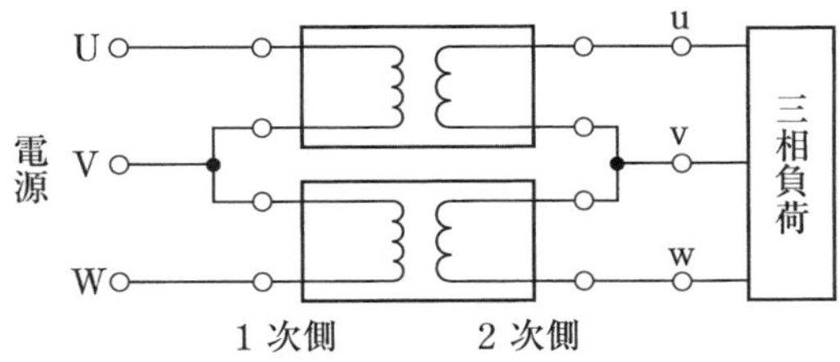

電源側（負荷側も同様）の線は図のように書き替えると，V字形になる．

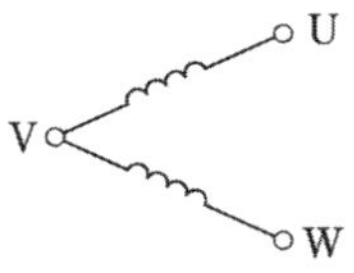

利用率＝V結線の三相出力/単相変圧器2台の容量 $= \sqrt{3}/2 \fallingdotseq 87\%$

23　メタルハライドランプ　(H 26, 20, 14)

解答

①　発光管内に，水銀，アルゴンと共に，**ハロゲン化金属**が封入されており，白色に近い光を発する．

②　**演色性**にすぐれているが，再始動に時間がかかる．体育館，店舗など

に使用されている.

なるほど!

- ハロゲン化金属……ナトリウム，タリウム，インジウムなど.
- 演色性……太陽光に近いほどよい光源であり，演色評価数で評価する.

24 ナトリウムランプ

解 答

① 発光管内に，ネオン，アルゴンと共に，金属ナトリウムが封入されており，**オレンジ色の単色光**を発する.

② **演色性**は極めて悪いが，効率は実用光源中最も高い．煙霧に対して透過性がよく，トンネルや**道路照明**に適している.

なるほど!

- 低圧ナトリウムランプ，高圧ナトリウムランプがあるが，「低圧」「高圧」は電圧のことではなく，ナトリウム蒸気圧が低いか，高いかで区分している.
- 光源の効率……1 W 当たりの電力で，何ルーメンの光束を発するか.
  大きいほど効率が高い．ナトリウム灯は約 150 ルーメン/ワット

25 LED 照明　(H 29, 27, 23)

解 答

① 電圧をかけると**光を発する**半導体素子である，発光ダイオードを用いた照明である.

② 寿命は**約 40 000 時間**であり，白熱電球の 40 倍ある．**省エネルギー**であり，電球に変わり普及している.

なるほど!

LED は，p 型半導体（電気の＋が移動）と，n 型半導体（－が移動）に通電すると，＋と－が衝突して接合面が発光する.

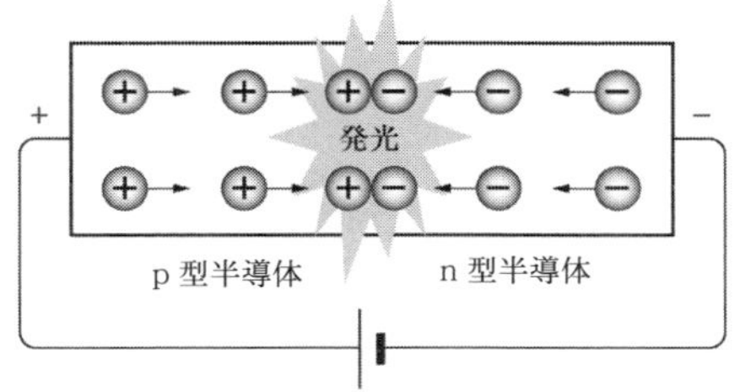

26 ライティングダクト　(H 28, 20, 17)

解 答

① 絶縁物で支持した導体を金属製または合成樹脂製のダクトに入れ，**下向きに取り付けたもの**.

② ダクトの範囲内であれば，**照明装置**や**コンセント電源**を自由に接続可能である.

なるほど!

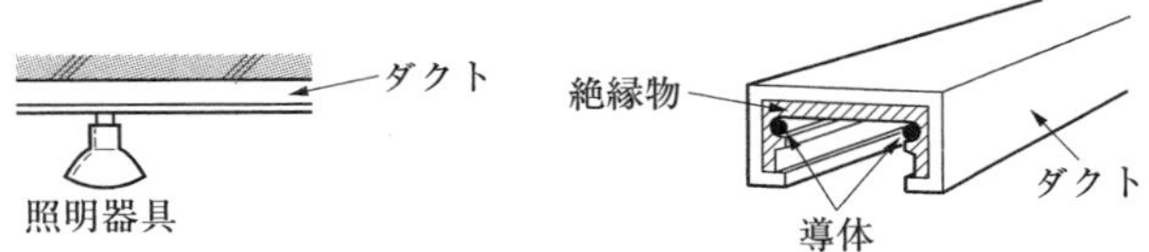

27 光電式自動点滅器　(H 22, 17)

解 答

① **光を当てる**と電気伝導度の変化を生じる半導体スイッチにより，電源の入り切りを**自動的に制御**する点滅器.

② **屋外灯**などに使用され，外光の量により動作する.

なるほど!

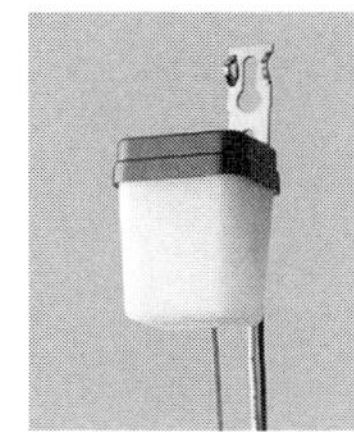

28　屋内配線用差込形電線コネクタ(R 5, R 3, H 30, 27, 22)

解 答

① ケーブルの被覆をむき，芯線を所定の長さにして**コネクタの穴**に差し込んで接続する材料をいう.

② **リングスリーブ**に比べ，熟練を必要とせず**圧着工具が不要**で施工性がよい.

なるほど!

板状スプリングと導電板の間に心線をはさみ込んで電線接続を行う接続器具である.

左から 2 本用，3 本用，4 本用

29　管路式地中電線路　(H 23)

解 答

① **地中に管路**を敷設し，**ケーブル**を引き入れるもので，車両等の重量物に耐え，ケーブルの引き換えや増設が容易である.

② JIS の規定によれば，直径 20 cm 以下の鋼管などであれば，埋設深さは **30 cm** でよいとされている.

なるほど!

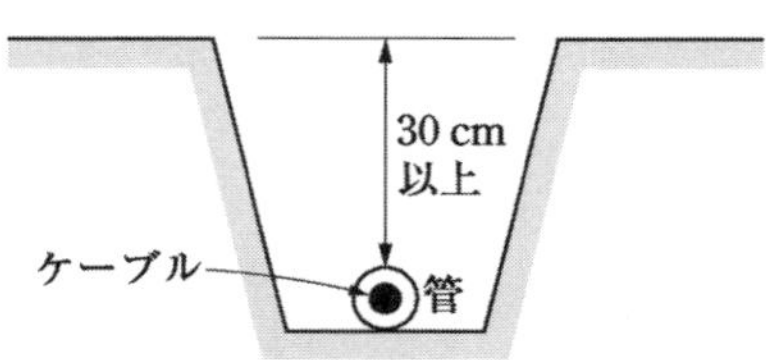

30 波付硬質合成樹脂管（FEP）（R 4, H 30, 28, 25, 22, 14）

解 答

① 管の**表面が波状**で，地中埋設ケーブルの保護に用いられる．**可とう性**に優れ，軽量，長尺であり，**施工性がよい**．

② 管内面は滑らかで通線時の摩擦は小さく，**通線は容易**である．

なるほど！

らせん波形と一重波形がある．

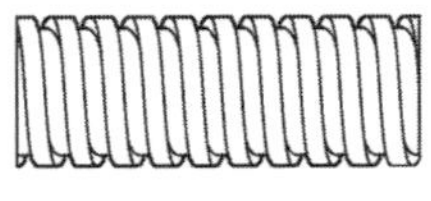
らせん波形

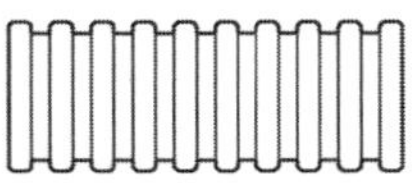
一重波形

31 金属製可とう電線管（H 24, 15）

解 答

① 波型の**帯鋼をらせん状**に巻き，内部は耐水紙を施した**可とう性**のある電線管をいう．

② 金属管では曲げるのが難しい部分や，**電動機**など振動する機器への配管に使用される．

なるほど！

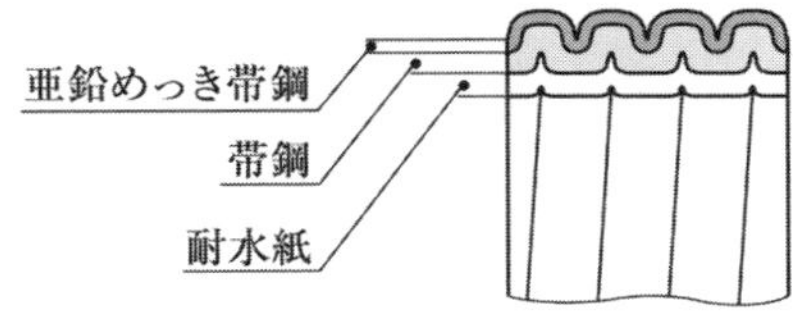

32 合成樹脂製可とう電線管（PF 管・CD 管）（H 27, 16）

解 答

① PF 管および CD 管は，**可とう性**があり，軽量，長尺で接続，切断作業が少なく，**施工性**に優れる．

② PF 管は**自己消火性**があり，CD 管は自己消火性がない．CD 管の施工場所は，原則として**コンクリート埋め込み**に限られる．

なるほど！

PF 管

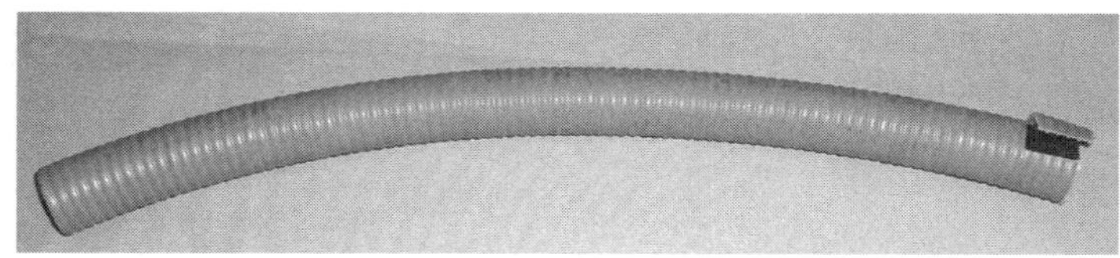

CD 管

33 漏電遮断器（ELB）（H 29, 26, 23, 20, 16）

解 答

① 正常な電気回路から**地絡電流**が流れたとき，自動的に**電路を遮断**する機能をもつ．

② 一般的な分電盤の分岐回路には，**30 mA 以下**の高感度形で，**0.1 秒以内**に遮断する高速形が用いられる．

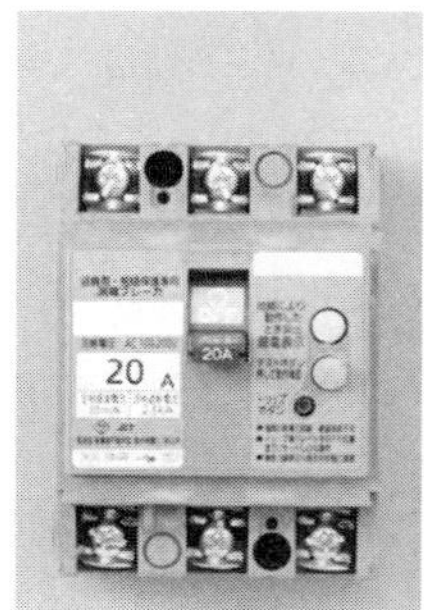

なるほど！

• ELB：Earth Leakage Breaker
　ELCB：EL Circuit Breaker

・感度電流は 30 mA，100 mA などがある．

・金属製外箱を有する，電圧 60 V 以上の低圧の機械器具に電気を供給する電路に設置する．

34　3Eリレー　(H 21)

解 答

① **過負荷**，**欠相**，**逆相**の，3つの保護エレメント（要素：Element）をもった**継電器**をいう．

② 回転方向の確認が困難な**電動機**は，逆相保護のある3Eリレーを用いるとよい．

なるほど！

・1E：過負荷で動作

・2E：過負荷，欠相で動作

・3E：過負荷，欠相，逆相で動作

35　サーマルリレー

解 答

① 電動機等の動力負荷が**過電流**となったとき，**熱を感知**して回路を遮断する過電流保護装置である．

② **熱動継電器**ともいわれ，ヒータ，バイメタル，接点から構成される．

なるほど！

サーマルリレーの上部にマグネットコンタクタ（電磁接触器）を設け，負荷が過熱したときに電源を遮断する．

36 自動火災報知設備の受信機 (H 29)

解 答

① 建物内の感知器や発信機からの**火災信号を受信**する機器.

② **P 型受信機**(1〜3 級), **R 型受信機**などがある.

なるほど!

P 型 1 級受信機の例

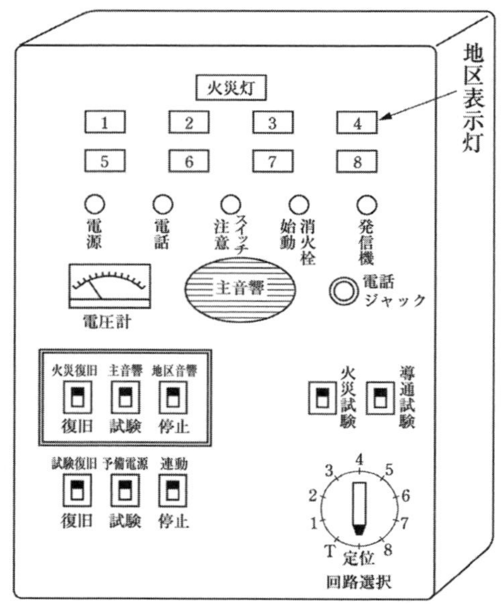

37 差動式スポット型感知器 (H 30, 18, 14)

解 答

① **自動火災報知設備**を構成する機器のひとつで, 消防法により室の面積により設置個数が決められる.

② 一定時間に**急激な温度上昇**があると, **感熱室**の**ダイヤフラム**を膨張させ接点を構成. 火災警報を受信機に出す.

なるほど!

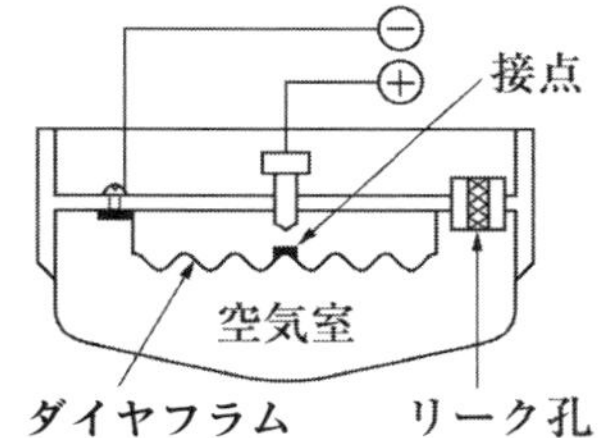

38 煙感知器 (H 17)

解答

① **イオン化式**と**光電式**があり，いずれも煙の発生を感知して受信機に火災信号を送る，自動火災報知設備のひとつ.

② 熱感知器に比べ，**感知面積が広く**，廊下，階段室，防火戸等に用いられる.

なるほど!

- イオン化式……煙によるイオン電流の変化を検知
- 光電式……煙による光電素子の受光量の変化を検知
- 厨房，腐食性ガス，塵埃，水蒸気，気流のあるところは不適.

39 定温式スポット型感知器 (R 3, H 27, 24, 15)

解答

① 感知器設置部分の**周囲温度が一定以上**になったときに，**火災信号**を受信機に送る.

② **湯沸室**，台所のように可燃性ガスや，水蒸気などがあり，温度変化の

激しい場所で使用される．

なるほど！

40 電気鉄道のき電方式　（R 3, H 28, 20）

解 答

① き電方式には，**直流き電方式**と**交流き電方式**がある．

② 直流き電方式は，交流き電方式より低い電圧（1 500 V 以下）であるため，構造物との**絶縁離隔距離**が小さくできる．

なるほど！

変電所から電車に電力を供給する電線のうち，電車に直接接する架線を電車線という．電車線に電力を供給する電線をき電線という．

41 電車線路の帰線（R 4, R 1, H 25, 21, 17, 14）

解 答

① 電気鉄道の運転における電流の**帰線路**のことで，一般には，**走行レール**を利用する．

② 帰線の**電気抵抗**が大きいと，電圧降下や電力損失が大きくなる．

なるほど！

電気回路の導線のうち，接地される方の導線を「帰線」と呼んでいる．

電流は流れているが，レールの電位は人とほぼ同電位であり，靴を履いていれば感電することはない．

42 電気鉄道のボンド (H 23, 19, 15)

解答

① ボンドとは，レールの継目等に設置される**導体**で，電車電流や信号電流を流すためのものをいう．

② ボンドには電気抵抗を少なくするため，150 mm^2 程度の**軟銅線**を用いる．

なるほど！

隣り合うレールの継目を電気的に接続する

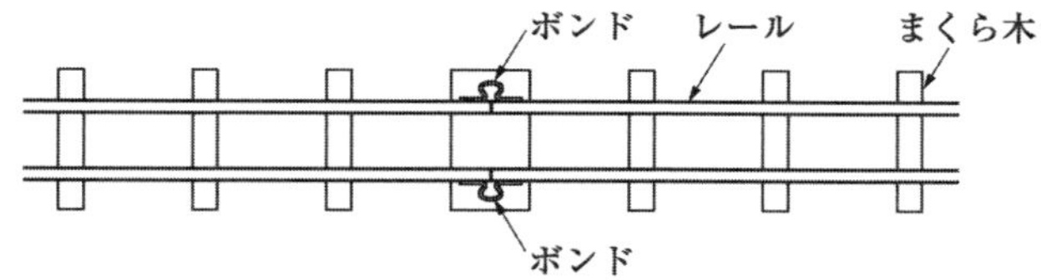

43 自動列車停止装置（ATS） (R 2, H 29, 27, 24, 18)

解答

① 列車が**停止信号**に接近し，運転士がブレーキ操作をしないときに，自動的に**列車を停止**させる装置をいう．

② 列車が規定速度を超えて走行しているときも自動的に**ブレーキが作動**する．

なるほど！

- ATS……Automatic Train Stop

44 自動列車制御装置（ATC） (R 5, H 30, 26, 22)

解答

① **速度制限区間**において，列車速度が**制限速度以上**になると，自動的に

ブレーキをかけて減速させ，列車の**速度を制御**する装置．

② **ATS**（自動列車停止装置）を有効に機能させるための前段階としての働きがある．

なるほど!

- ATC……Automatic Train Control
- 高速列車では，ブレーキ制動距離が長いため，ATS だけでは不十分である．

45 超音波式車両感知器（R 3, H 30, 28, 25, 23, 20）

解 答

① 送受器から路面に向かって**超音波パルス**を周期的に発射し，通過車両の検出を行う．

② 設置工事，**保守が簡単**で，**耐久性**もあり多く用いられている．

なるほど!

46 ループコイル式車両感知器（R 4, R 2, H 29, 27, 21, 18）

解 答

① 矩形の**ループコイル**を道路面下に埋め込み，インダクタンスの変化を検出して車両の**通過を感知**する．

② **インダクタンス**の立ち上り変化や，その持続時間を読み取って**車両台**

数を**カウント**する．

なるほど!

自動車は金属体なので，ループコイル上部を車両が通過すると，ループコイルのインダクタンスを変化させることができる．これにより，車両が通過したことがわかる．

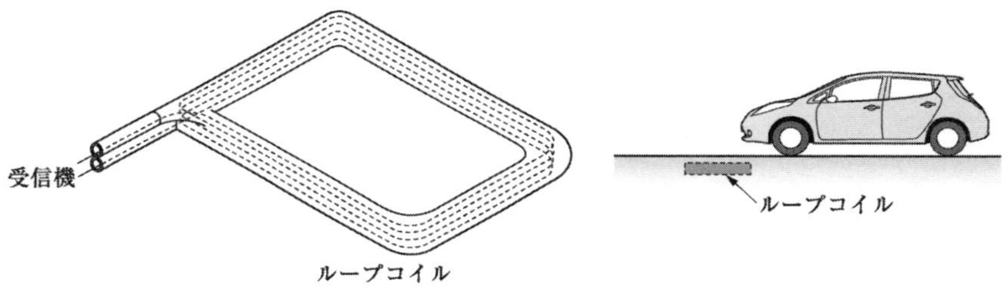

47　A 種接地工事　（R 3, H 28, 23, 17）

解 答

① 異常電圧の防止や対地電圧の低減をはかる工事で，**接地抵抗値**は **10〔Ω〕以下**とする．

② **高圧**，特別高圧機器の鉄台や金属製外箱，避雷器，特別高圧用計器用変成器の 2 次側などに施す．

なるほど!

- 他に B，C，D 種がある．

接地工事の種類	抵抗値
A 種	10 Ω 以下
B 種	$150/Ig$　　Ig：地絡電流
C 種	10 Ω 以下
D 種	100 Ω 以下

※　数値は原則の値

- A 種は高圧，特別高圧機器に施設し，C 種は低圧で 300 V を超える機器に施設する．

48　D 種接地工事　（R 2, H 29, 27, 24, 19, 16）

解 答

① **感電防止，漏電火災の防止**などを目的に行う接地工事のひとつである．

② **300 V 以下**の金属箱などに施し，接地抵抗値は原則として **100〔Ω〕以下**とする．

なるほど!

D 種接地工事の例

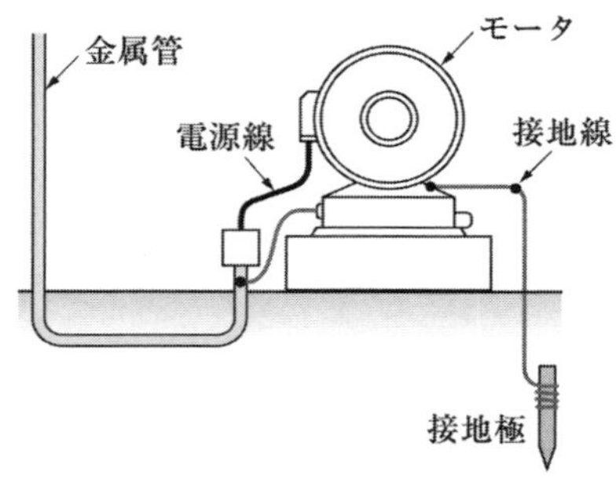

49　接地抵抗試験　（R 5, H 26, 21）

解 答

① **接地抵抗計**を使い，接地抵抗を測定する．

② 測定する**接地極**から，**約 10 m の間隔**に，ほぼ**一直線**となるように補助電極 P，C を地面に打ち込み，ダイヤルを回し，検流計が 0 となる数値を読む．

なるほど!

・電極間隔は 10 m 以上．できるだけ一直線となるように打ち込む．

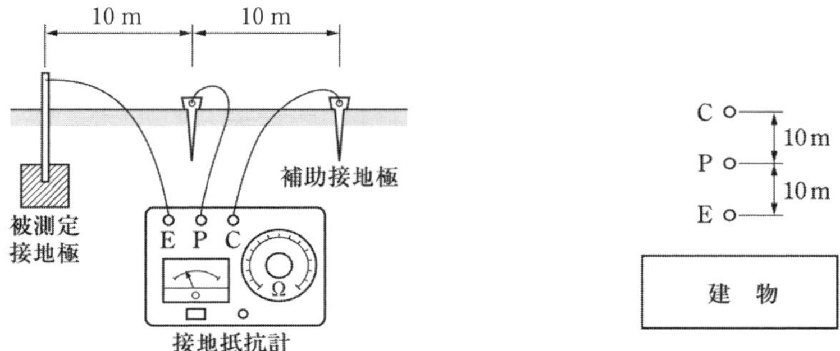

50 絶縁抵抗試験(R 4, R 2, H 30, 25, 22, 19, 14)

解答

① **絶縁抵抗計**を用い，電線相互，電線と大地間の**抵抗値**を測定する試験である．

② 使用電圧等により，**規定値以上**の絶縁抵抗値であるかを判定する．

なるほど！

・絶縁抵抗の単位は〔Ω〕の 10^6 である〔MΩ〕が使われる．メグオームを測る機器→メガー

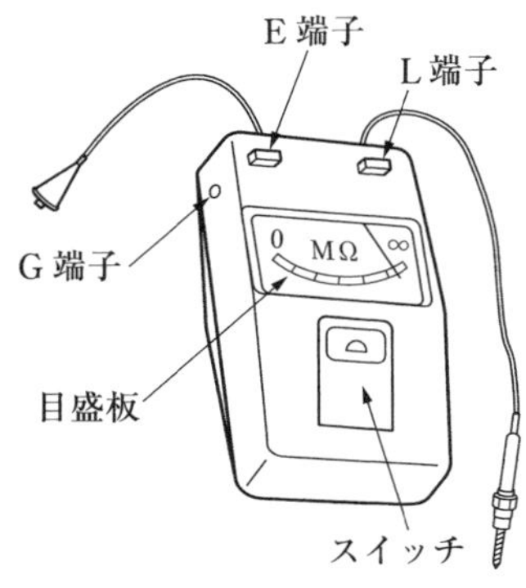

L 端子：線路(Line)端子
E 端子：接地(Earth)端子
G 端子：保護(Guard)端子

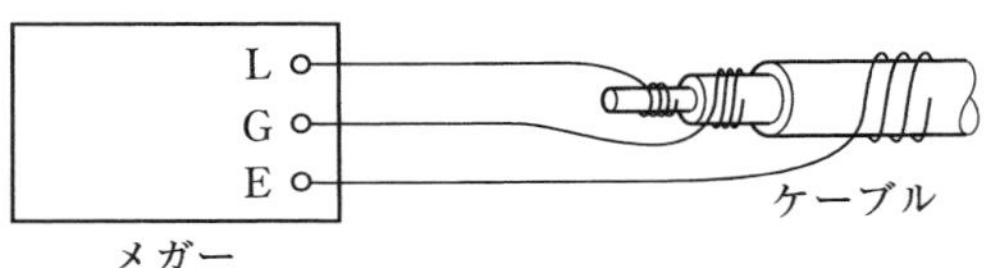

<線間の絶縁抵抗測定>

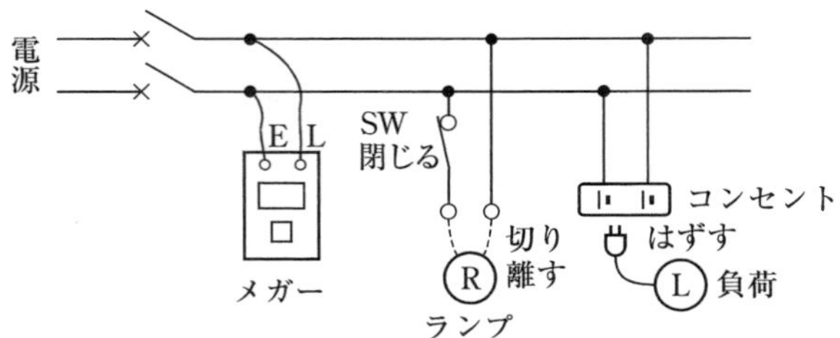

<大地間の絶縁抵抗測定>

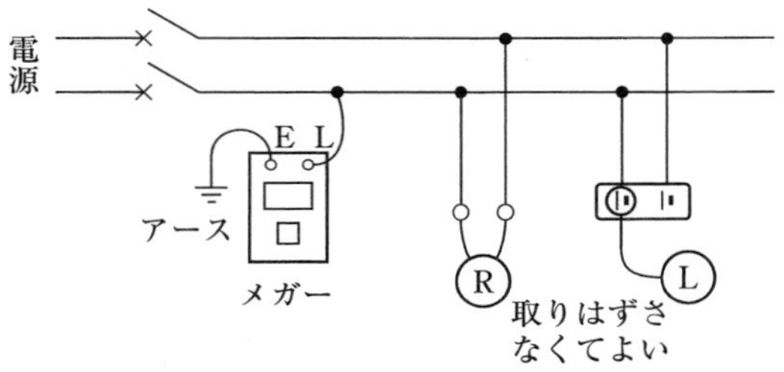

第 5 章

施工経験記述

●試験の要点

施工経験記述は，自らが経験した電気工事について記述する．

記述内容は下記のとおり．

1. （1）　工事名
   （2）　工事場所
   （3）　電気工事の概要
   （4）　工期
   （5）　この電気工事でのあなたの立場
   （6）　あなたが担当した業務の内容

2. 安全管理（工程管理）の記述（各 2 項目）
   ①　留意した事項
   ②　理由
   ③　とった処置または対策
   ※　年度により安全管理か工程管理か指定される（例年）．

5•1　1. 出題傾向

(1)　出題例

施工経験記述は2次検定の中心をなすものであり，的確な表現力，具体的な記述が求められる.

出題例は次のとおり.

あなたが経験した電気工事について，次の問に答えなさい.

1-1　経験した工事の次の事項について記述しなさい.

(1)　工事名

(2)　工事場所

(3)　電気工事の概要

(4)　工期

(5)　この電気工事でのあなたの立場

(6)　あなたが担当した業務の内容

1-2　上記1-1の工事の現場において，安全管理上あなたが留意した事項を2項目あげ，各項目についてその理由と，あなたがとった処置または対策を具体的に記述しなさい.

1-1は工事を紹介する部分であり，採点者に，どのような工事を行ったかわかるように記述する.

1-2は施工管理（安全管理）について，具体的に記述する.

なお，テーマは年度により異なる.

(2)　施工経験記述の傾向

平成16年～令和3年度までの18年間に出題された内容は表のとおり.

年　度		内　　容
H 16年度	工程管理	自分の現場経験（施工管理の経験）を具体的に記述する. 記述項目（2 つ） ①　留意した事項 ②　理由 ③　処置または対策 ※安全管理については，保護帽の単なる着用のみの記述や要求性能墜落制止用器具の単なる着用のみの記述については配点しない.
17年度	安全管理	
18年度	安全管理	
19年度	工程管理	
20年度	安全管理	
21年度	安全管理	
22年度	工程管理	
23年度	安全管理	
24年度	工程管理	
25年度	安全管理	
26年度	工程管理	
27年度	安全管理	
28年度	工程管理	
29年度	安全管理	
30年度	工程管理	
R 1 年度	安全管理	
R 2 年度	工程管理	
R 3 年度	安全管理	
R 4 年度	工程管理	
R 5 年度	安全管理	

(3)　施工経験の内容

試験に出題されるテーマは次のとおり.

工程管理……決められた工期内に工事が順調に完成するように，工程を管理すること.

安全管理……現場作業員，関係者，現場付近住民，通行人等の安全を確保して工事を行うこと.

Point　出題されたテーマに合致した内容を記述すること.

5・1　2. どんな電気工事が良いか

「電気工事」であること．電話交換機，消防用設備，CATV 等の工事は，弱電が主体なので避けたほうがよい．

以下の 3 つを条件に選ぶとよい．

①　ある程度の工事規模

小規模な工事では，「留意した事項・理由」，「具体的な処置または対策」に対する適切な解答を複数挙げるのは難しいことがある．

② 他業種との取り合いのある工事

建築工事，管工事等の工事と同時並行して行ったものは，電気単独の工事より面倒なものだが，留意事項も多く，解答選択の幅が広がる．

なお，単独工事でも留意事項が多く，解答に困らないものは必ずしもこれによることはない．

③ 最近体験した工事

あまり古いものは，施工技術の進歩からみて好ましくない．できれば完成が今から 10 年以内の工事から選ぶとよい．

5・1 3. あなたの現場をチェック

(1) 工事を検証する

次の 10 項目のうち，経験した現場を検証してみよう．

項目		記述例	記述可能なテーマ
1	高所作業があった	→墜落災害の防止（胴綱，足場，脚立）	安全管理
		→作業の効率化（手戻り防止，緻密な施工）	工程管理
2	狭い場所での作業があった	→怪我の防止	安全管理
		→酸欠防止（送風機，換気）	安全管理
3	改修工事であった	→職員の安全（資機材搬入の仮設計画）	安全管理
		→工程調整（振動等による工事制限）	工程管理
4	現場周辺は人通りが多かった	→通行人の安全（工事車両，監視人）	安全管理
5	他業者との同時作業があった	→工程調整（作業の重なり）	工程管理
6	重機を使用する作業があった	→安全確認（クレーン，監視人）	安全管理
7	工期は短かった	→手戻り防止（資材納期厳守）	工程管理
8	下請け業者を使った	→施工能力（TBM，作業確認，資材提供）	工程管理
9	天候が不順であった	→工程調整（フォローアップ，資材管理）	工程管理
10	設計変更があった	→連絡調整（特注品の手直し，購入先変更）	工程管理

例えば 1．高所作業があった場合，「墜落災害の防止」や「作業の効率化」が施工管理上重要である．

また，これから（　）内にあることばが連想される．

(2)　チェックリストの活用

高所作業に関連した「墜落災害の防止」,「作業の効率化」について，それぞれ安全管理，工程管理の面から文章を作ってみる.

●墜落災害の防止（安全管理）

①　留意点：高天井での照明器具取り付けがあり，作業安全に留意した.

②　理由：作業員の墜落防止のため

③　処置・対策：3台の脚立を使用し脚立足場とし，幅40 cmの足場板を乗せ，3点支持した.

●作業の効率化（工程管理）

①　留意点：吹き抜けホールにシャンデリアを取り付けるため，ローリングタワーを使用したが，1回の現場搬入・組み立てで済むように留意した.

②　理由：手戻りによる工程の遅れを防ぐため.

③　処置・対策：器具の取り付け状態を現場技術員に指示し，全数検査した.

5･2　1. 文章作成の基本

(1)　文房具など

手書きで文章を書くための基本的な留意点として次のとおり.

① シャープペンシル，または鉛筆を用いる.

芯の濃さはHBまたはBがよい. 硬い芯，薄い芯は採点者が見づらいので使用しない.

② 消しゴムはプラスチック消しゴムがよい. 消しゴムを使わず，文字を線で消して書き直すことはしないようにする.

(2)　文の体裁

文を作るにあたり，次のことに留意する.

① 下手でもていねいに書く. 採点者が読めない字は不可.

② 楷書で書くようにする.

【例】

床下のコンセント配管……（×）

床下のコンセント配管……（○）

③ 漢字間違いのないこと.

④ 句読点（くとうてん）ははっきりと書く.

【例】

○○○なので△△△とした（×）

○○○なので，△△△とした.（○）

⑤ 誤字・脱字のないようにする.

⑥ 専門用語を使う.

【例】

- 電気が地面に流れる電流（×）
  地絡電流（○）
- 危険作業を監視する人（×）
  作業主任者（○）

⑦　専門用語やごく一般的に使う語句は漢字で書く.

【例】

- せっち（×）　接地（○）
- ぜつえん（×）　絶縁（○）
- ちゅうい（×）　注意（○）

(3)　話しことばは用いない

話しことばや流行語は文章にすると軽薄になるので使わない（～～の部分）.

【例】

①　通行人とかが危なくないようにセフティコーンを設けたりした.（×）
②　通行人の安全に配慮し，セフティコーンを設けた.（○）

「……とか」,「……したり」は話しことばである.

また,「危なくないように」よりも,「安全」ということばを使うほうが適切である.

(4)　キーワードを用いる

キーワードとは，その文の鍵（キー）を握ることば（ワード）である．専門用語だけでなく，内容をより正確，具体的に伝えることばをいう.

キーワードを入れるだけでメリハリのある，正確で具体的な文となる（～～部分がキーワード）.

【例】

①　通行人の安全に配慮した.（×）
②　セフティコーンを設け，通行人の安全に配慮した.（○）

「セフティコーン」という，ごくありふれた用語を加えただけで現実味が増す．この場合，セフティコーンがキーワードといえる.

5•2　2. 文を練る

(1)　簡潔な表現

簡潔とは簡単で明瞭（めいりょう）なことをいう．くどい表現，同じことばの繰り返しや，あいまいなことばは使わず，明快で主体性のある表現を心がける．

【例】

① A 種接地工事の接地抵抗値が 10Ω以下であることを確認するため，接地抵抗計を用いて接地抵抗値を測定した．（×）

② 接地抵抗計を用い，A 種接地の値が 10Ω以下を確認した．（○）

①の文は，「接地」ということばが多過ぎる．

(2)　文の長さを調節する

解答用紙のスペースがどのくらいあるかによって，長さを調整する．

例えば，2 行のラインが引いてある場合，1 行で終わることなく，2 行の中ほどまでは記述する．

※　文字の大きさは統一する．

●文を長くしたいとき

【例 1】

① 危険作業を明示した．（×）

② 朝の TBM において，高所での危険作業を明示し，周知徹底した．（○）

TBM というキーワードを入れ，状況説明するとよい．

【例 2】

① 墜落災害を防止する．（×）

② 玄関ホールの階高が 6 m あり，配管施工時の墜落災害を防止する．（○）

具体的な危険作業や場所を記載するとよい．

●少しだけ長くしたいとき

【例】

- 周知した　→　周知徹底した　（強調したことばを付け足す）
- 外来者　→　外来者，通行人など　（同種のことばを付け足す）
- チラシ配布と放送をした　→　2 週間前に停電のチラシを配布し，当日も停電前に放送を行った.
- 職人　→　熟練した職人
- 高い天井　→　階高 5 m の天井

このようにすると，より具体的である.

●文を短くしたいとき

これは，長くする場合より簡単．文を長くしたいときに述べた方法の逆を行えばよい．読み返して無駄と思われる箇所を削除する．ただし，削除したことによって，前後の繋がりがおかしくならないよう注意する必要がある.

5•3　1. 減点答案

以下の３つは減点・不合格答案の例で，このような答案は書かない．

① 題意に適さない

【例 1】 安全管理の質問に対して，工程管理のことを書く．

【例 2】 労働災害と公衆災害を混同して書く．

※ 労働災害は，現場で働く人が被る災害で，公衆災害は現場とは関係のない第三者（通行人，近隣住民など）が被る災害である．

【例 3】 墜落災害と落下災害を混同して書く．

※ 墜落災害は高所から人が落ちて被る災害で，落下災害は，物が落ちて体に当たる災害である．

② 誤解される表現

【例】 資材が盗難にあったので，保管には十分配慮した．

他の現場で盗難にあったので，この現場では合わないように注意した，というつもりでも，そう解釈されずに減点のおそれがある．

③ 社会通念上好ましくない

【例】 突貫工事となり，深夜，休日作業で工期内完了した．

突貫工事は，工程管理がうまくいっていれば行わなくてすむ工事である．「突貫工事」のような用語は使用しない．

Point　減点の少ない答案を書くことが合格につながる．

5・3　2. 1-1についての合格答案例

●**問題 1-1**　経験した工事の次の事項について記述しなさい.

（1）　工事件名

（2）　工事場所

（3）　電気工事の概要

（4）　工期

（5）　この電気工事でのあなたの立場

（6）　あなたが担当した業務の内容

解答例は次のとおりである.

（1）　工事件名

原則として，契約書に記載されたものを書く．建物名や施工場所などの名称が付いているものは，その固有名詞も忘れずに書く.

工事名から，電気工事であることがわからないような場合は，補足してもよい.

【例 1】　大山第二ビル電気設備工

【例 2】　SA ビル改修工事（電気設備工事）

（2）　工事場所

工事を施工した場所を，都道府県名，市町村名，番地まで書く.

【例】　東京都練馬区大泉町○丁目△－×

※　試験では，正しい番地を記入する.

（3）　電気工事の概要

2〜3 個の箇条書きがよい．表記すべき内容は，

①　電気工事の種類を書く

②　使用した主要機器や主な材料の仕様を書く

【例】　事務所における構内電気設備工事一式

分電盤 3 面　　制御盤 2 面

幹線ケーブル CV 100□ 3 C　約 150 m　 ほか

(4)　工期

工事着工年月と完成年月を記入する．なるべく新しい工事経験が良い．

【例 1】　令和 2 年 6 月〜9 月

【例 2】　西暦 2020 年 6 月〜9 月

(5)　この電気工事でのあなたの立場

①　発注者の場合

監督員（監督職員），主任監督員，工事事務所所長，工事監理者など．

【例】　監督員

②　請負者の場合

現場代理人，現場技術員，現場主任，主任技術者，専門技術者，現場事務所所長など．

【例】　現場主任

(6)　あなたが担当した業務の内容

工事の施工管理に直接的にかかわり，中心的な役割を果たしたことが分かるように記述する．

【例】　施工図の作成，工程管理，品質管理等を担当し，現場代理人を補佐した．

Point　(5)，(6) の記述に当たり，次のことが要点．

①　施工管理の実体験であること（施工だけは不可）．

②　工期のほとんど全般にわたって関与していること．

③　中心的，直接的な役割を担ったこと．

5・3　3. 1-2についての合格答案例

(1)　安全管理がテーマの場合

●**問題 1-2**　上記の工事の現場において，安全管理上あなたが留意した事項を2項目あげ，各項目についてその理由と，あなたがとった処置または対策を具体的に記述しなさい．

【例1】

① 留意した事項：玄関ホールにおける照明器具取り付け作業時の墜落災害を防止すること．

② 理由：玄関ホールは吹き抜けで器具取り付け高さが7mあり，作業員が墜落する危険があるため．

③ 処置・対策：ローリングタワーを設置し，安全帯の使用，腰位置より高いところでのロックを徹底した．タワーに乗ったままでの移動は厳禁とした．

【例2】

① 留意した事項：職員，外来者等への安全に配慮する．

② 理由：工事範囲の一部が既存建物内であり，また敷地，作業スペースが狭いため．

③ 処置または対策：停電作業，騒音振動，粉塵の出る作業は極力休館日に行い，配管等の長いものや機器類その他重量物の搬入は，ガードマンを配置し，執務の始まる1時間前までに完了させた．

Point　特に重要と考えた事項・とった措置または対策は，次の3つをセットとして考える．

① 重要であると意に留めた事項（留意事項）

② その理由

③ 処置または対策（具体的に）

(2)　工程管理がテーマの場合

●**問題 1-2**　上記の工事の現場において，工程管理上あなたが留意した事項を 2 項目あげ，各項目についてその理由と，あなたがとった処置または対策を具体的に記述しなさい．

【例 1】

①　留意した事項：吹き抜けホールにシャンデリアを取り付けるため，ローリングタワーを使用したが，1 回の現場搬入・組み立てで済むように留意した．

②　理由：手戻りによる工程の遅れを防ぐため．

③　処置・対策：器具の取り付け状態，電線の接続等の確認を現場技術員に指示した．

【例 2】

①　留意した事項：配管作業の効率化を図る．

②　理由：スラブ配管時に，鉄筋工，設備工との同時作業があるため．

③　処置または対策：事務室の間取りは同じであり，管寸測定，ボックス接合などの作業を平場で済ませた．これにより，スラブ上での作業を短時間で効率よく行うことができた．

Point　工程管理は次のことに留意する．

①　作業の効率化

②　工程表との比較検討

③　手待ち，手戻り，手直しの防止

④　工期厳守

⑤　他工種との連絡調整

5・3　4. その他

現時点で安全管理か工程管理の出題であるが，施工管理の四大テーマである施工計画と，品質管理の出題も想定しておきたい．

(1)　施工計画

【例】 資材・機材搬入の調達計画

① 留意した事項：資材の搬入計画を綿密に行う．

② 理由：使用資材・機材の搬入の遅れは稼働率の低下，工期の遅延につながるため．

③ 処置または対策：掘削機械および工事用仮設発電機の必要なリース期間をリース会社と打ち合わせた．また，使用資材の種類，数量等を資材メーカーと日程調整し，工期に余裕を持った調達計画を立てた．

Point　「留意した事項」に対する答え方は，「○○を行う」，「△△をする」でもよいし，「○○を行うこと」，「△△をすること」でもよい．

どうしても字数が不足する場合は苦肉の策として，「△△をすることに留意した」も可．

(2)　品質管理

【例】 施工精度の確保

① 留意した事項：一定の施工精度を保てるように基準を設ける．

② 理由：各班の作業者によって施工方法，精度に違いがあると品質水準が落ちるため．

③ 処置または対策：設計図書，仕様書に基づいた施工図，施工要領書を作成して作業者に作業標準，品質規格値を熟知させた．これにより品質の均一化を図った．また，水準の高い作業員を手本とした実地訓練を行った．

Point　品質管理では，「品質規格値」，「品質の均一化」といったことに力点が置かれるが，工程管理では，「進捗状況」，「手戻り」というキーワードを使う．

> **問題**　あなたが経験した電気工事について，次の問に答えなさい．
>
> 1-1　経験した工事について，次の事項を記述しなさい．
>
> (1)　工事名
>
> (2)　工事場所
>
> (3)　電気工事の概要
>
> (4)　工期
>
> (5)　この電気工事でのあなたの立場
>
> (6)　あなたが担当した業務の内容
>
> 1-2　上記工事の現場において，安全管理上あなたが留意した事項と理由を2つあげ，それぞれについてあなたがとった対策または処置を具体的に記述しなさい．

[解答例]

1-1

(1)　工事名

やまびこハイツ改修工事（電気設備工事）

(2)　工事場所

東京都武蔵野市○○町△△番地

※　試験では正しい番地を記入する．

(3)　電気工事の概要

共同住宅の共用部分の電気設備改修工事一式

階段灯 FL 20 W 2 灯用 24 台更新，管理事務室内配線用遮断器 20 A 増設），揚水ポンプ用電源 CV 5.5□－3 C　23 m 引替え

(4)　工期

令和2年6月15日～令和2年7月10日

(5)　この電気工事でのあなたの立場

現場主任

(6)　あなたが担当した業務の内容

電気設備工事における安全管理，工程管理等

1-2

①　留意した事項

既存分電盤から分岐する際の，感電事故防止に留意した.

②　理由

停電できる範囲が限られていたため.

③　とった対策または処置

管理事務室の電源を切った回路には投入禁止の表示をし，現場では検電器にて無停電を確認してから照明器具を接続した.

①　留意した事項

住民等が工事現場付近を通行するときの安全を確保することに留意した.

②　理由

管理事務室前と，ポンプ室前は，住民の往来があるため.

③　とった対策または処置

工事区域と住民が通行する区域をセフティコーンで仕切り，資機材の搬入時には住民が安全通路を通るように誘導した.

※　以上は解答例であり，各自の施工経験に即した記述が求められる.

第 6 章
施工管理の応用

●**試験の要点**

「6•1 施工と安全」は，次のいずれかの用語について出題されている．

① 電気工事に関する用語（6 つの用語から 2 つ選択解答）

② 安全管理に関する用語（6 つの用語から 2 つ選択解答）

「6•2 高圧受電設備」は，高圧受電設備の単線結線図における，高圧機器の名称，機能に関する問題が出題されている．

高圧機器名	出題年度
高圧気中負荷開閉器（PAS）	R2，H26，21
電力需給用計器用変成器（VCT）	H23，18
断路器（DS）	R2，H27
避雷器（LA）	H28，22，19
限流ヒューズ付高圧交流負荷開閉器（PF・S）	H29，24，20
直列リアクトル（SR）	R1，H25
高圧進相コンデンサ（SC）	R3

「6•3 工程表」は，令和 2 年度まで出題され，令和 3 年度以降は 1 次検定から出題されている．

「6•4 法規」は，建設業法，労働安全衛生法，電気工事士法からの出題であり，正しい文言を選択肢から選ぶ．

6・1　1. 出題されている用語

(1)　電気工事

項　　目	用　　語	出題年度
機器取付け	機器の取付け	R1, H25, 23, 18, 14
	分電盤の取付け	R5, R3, H29, 27, 20
	埋込み形照明器具の取付け	H20
	照明器具の取付け	H21
配管・配線	合成樹脂製可とう電線管（PF 管）	H25, 18
	合成樹脂製可とう電線管（CD 管）	H20
	波付硬質合成樹脂管（FEP）の地中埋設	R3, R1, H27, 18
	露出配管（電線管）	H23, 20
	電動機への配管配線	R5, R3, R1, H29, 25, 20
	盤への電線の接続	H27, 25, 23, 18
	VVF ケーブルの施工	H23, 20
	配管または配線施工	H17, 14
	電線相互の接続	R1, H23, 18
	二種金属製線ぴ（レースウェイ）の施工	H23
	ケーブルラックの施工	R5, R1
	低圧ケーブルの敷設	R3, H29, 25
貫通処理	防火区画貫通処理	H17
	地中引込管路の防水処理	H17
	引込口の防水処理	H21
試験	接地抵抗試験	H16
	絶縁抵抗試験	H16
	過電流継電器動作試験	H16
	絶縁耐力試験	H16
	低圧分岐回路の試験	R3, H29, 27, 21
資材管理	現場内資材管理	H27, 17, 14
	機器の搬入	R5, R3, R1, H21, 17
	資材の受入検査	R3, H29, 25, 21, 17, 14
	工具の取扱い	R5, H29, 27, 21, 18, 14

(2) 安全管理

項　目	用　語	出題年度
安全活動	安全施工サイクル	R2, H30, 28, 24
	安全パトロール	R4, H30, 24, 22, 19
	KYK（危険予知活動）	R2, H26, 22, 19
	ヒヤリハット運動	H22, 19
	4S 運動	H26, 22, 19, 15
	TBM（ツールボックスミーティング）	R4, H30, 28, 24, 22, 15
災害防止	墜落災害防止対策	H30, 28, 26, 15
	高所作業車での危険防止対策	R2, H24
	飛来落下災害の防止対策	R4, H30, 28, 26
	感電災害の防止対策	R4, R2, H30, 28, 26
	電動工具の使用による危険防止対策	H24
	脚立作業における危険防止対策	H24, 19
	絶縁用保護具	H19
	酸素欠乏危険場所での危険防止対策	R2
教　育	新規入場者教育	R4, R2, H28, 26, 22

※　R は令和の略，H は平成の略.

Point　繰り返し出題されている用語が多いので，過去に出題されたものを覚える.

6•1　2. 解答案

出題頻度の高い用語について解答例を示す．2 項目の記述が要求されている．

(1)　電気工事

1)　機器の取付け

①　重量機器は原則床置きとし，アンカーボルトにて堅固に固定する．

②　点検や修理時のスペースを考慮して，取り付け位置を決める．

2)　盤への電線の接続

①　電線の被覆をねじでかまないようにし，心線は固く絞めつける．

②　電線が密集するので，結束バンドなどを用いて整然と配線する．

3)　現場内資材管理

①　資材を長期間置くと，劣化等の問題があるので必要最小限の資材を置く．

②　鍵のかかる小屋で保管し，盗難防止に努める．

4)　資材の受入検査

①　品名，数量等が注文書通りか確認する．

②　製品に傷などの損傷がないか等を確認する．

5)　工具の取扱い

①　電動工具の場合，ケーブルの損傷，漏電のないことを確認する．

②　回転工具の場合，手袋をすることによる巻き込まれ災害に留意する．

(2)　安全管理

1)　安全パトロール

①　建設現場の安全を確保するための，組織的な巡回をいう．

②　足場，作業床，資機材の保管状況，不安全行動の有無などをチェックする．

2)　KYK（危険予知活動）

① イラストなどにより，その作業に潜む危険を話し合う．

② 危険を事前に予知して，その予防対策をする．

3) 4S 運動

① 整理，整頓，清潔，清掃の 4 つをいう．

② この 4 つを行うことにより，建設現場を快適で安全な職場とする．

4) TBM（ツールボックスミーティング）

① 作業者たちが道具箱（ツールボックス）の周りに集まり，その日の打ち合わせ（ミーティング）をすることが語源である．

② ヒヤリハットの報告など，作業を安全に行うための打ち合わせをいう．

5) 墜落災害防止対策

① 高所作業では，作業床の幅，床材間のすき間，手すり高さなどが法令通りであること．

② 高所作業では，墜落制止用器具（安全帯）をし，それを固定する設備も設置する．

6) 新規入場者教育

① 新たに現場に入場した者や作業内容を変更した者に対して行う安全衛生教育をいう．

② 点検，作業手順，整理整頓，清潔の保持，緊急時の応急措置，退避等について教育する．

問題 1　電気工事に関する次の語句の中から 2 つを選び，施工管理上留意すべき内容を，それぞれについて 2 つ具体的に記述しなさい．

1. 工具の取扱い
2. 分電盤の取付け
3. 盤への電線の接続
4. 波付硬質合成樹脂管（FEP）の地中埋設
5. 現場内資材管理
6. 低圧分岐回路の試験

［解答］　以下に全問題の解答例を示すが，問題の指示通り，2 問のみ解答す

ることに留意したい．

1. 工具の取扱い

前記 (1) の 5) 参照

2. 分電盤の取付け

① 高温多湿，粉じんの多い場所の設置は避け，操作しやすい場所に設置する．

② 屋外に設置するものは，パッキン等で防水したものとし，施錠できるものとする．

3. 盤への電線の接続

前記 (1) の 2) 参照

4. 波付硬質合成樹脂管 (FEP) の地中埋設

① FEP の底部は，砂利，砕石などで傷を付けないように，良質土か砂を均一に敷き均す．

② ケーブルが挿入しやすいように，管路はなるべく平たんに敷設する．

5. 現場内資材管理

前記 (1) の 3) 参照

6. 低圧分岐回路の試験

① 各電線の絶縁抵抗値を測定し，仕様書等で定められた規程の数値以上であることを確認する．

② コンセント回路は，電圧と極性を確認する．

問題 2 安全管理に関する次の語句の中から2つを選び，それぞれの内容について2つ具体的に記述しなさい．

1. 安全施工サイクル
2. ツールボックスミーティング (TBM)
3. 新規入場者教育
4. 墜落災害の防止対策
5. 飛来・落下災害の防止対策
6. 感電災害の防止対策

［解答］ 以下に全問題の解答例を示すが，問題の指示通り，2 問のみ解答することに留意したい．

1. 安全施工サイクル

① 工事現場において，毎作業日，毎週，毎月の計画を立て安全管理活動を行うこと．

② 毎作業日の安全朝礼，毎週の週末一斉片付け，毎月の月例安全集会などの活動である．

2. ツールボックスミーティング（TBM）

前記（2）の 4）参照

3. 新規入場者教育

前記（2）の 6）参照

4. 墜落災害の防止対策

前記（2）の 5）参照

5. 飛来・落下災害の防止対策

① 上下作業を避けることや，クレーンでの荷上げ時に吊り荷の下に入らないことなどが重要である．

② 養生ネット，防護棚を設置し，飛来，落下物があってもそこで食い止める対策も必要である．

6. 感電災害の防止対策

① 停電作業時，開路した開閉器には操作禁止の表示をし，分電盤の扉は施錠しておく．

② 充電部と接近した作業を行うときは，常に検電器にて検電する．

6・2　1. 単線結線図

高圧受電設備を単線図で表す．主要機器（①～⑧）

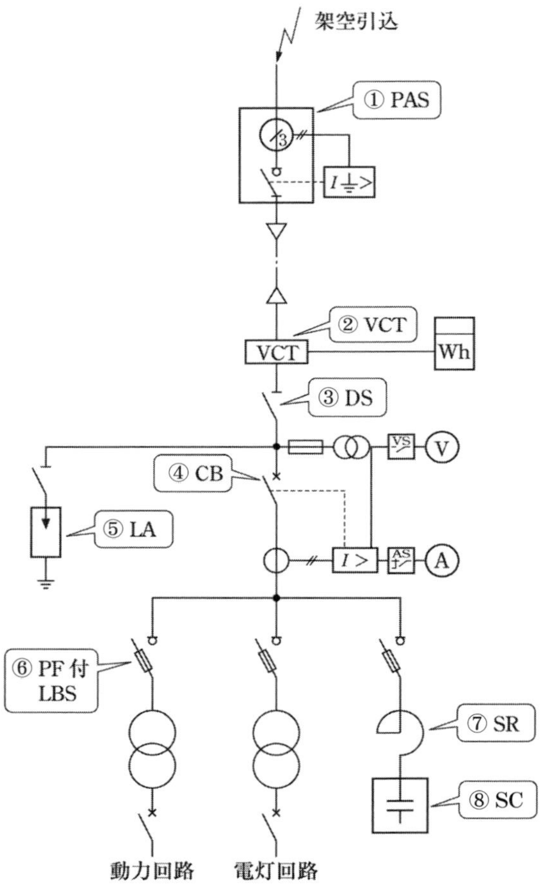

6•2　2. 高圧機器の名称等

図中番号	名　称	写　真	機　能
①	高圧気中負荷開閉器（PAS） （R5，H26）		1 号柱に取り付け，地絡電流の遮断，波及事故の防止
②	電力需給用計器用変成器（VCT） （H23）		使用電力量を計測
③	断路器（DS） （R2，H27）		保守点検時に回路を入り切り
④	遮断器（CB） （R4，H30）		短絡電流を遮断する
⑤	避雷器（LA） （H28，22）		雷の異常電圧から高圧機器を保護
⑥	限流ヒューズ付高圧交流負荷開閉器（PF 付 LBS） （H29，24）		短絡電流を遮断する
⑦	直列リアクトル（SR） （R1，H25）		進相コンデンサへの突入電流の制限，波形改善
⑧	高圧進相コンデンサ（SC） （R3）		無効電力を補償し力率を改善する

※（　）内の英記号は機器の略称，その下の数字は出題年度.

問題 1　電気事業者から供給を受ける図に示す高圧受電設備の単線結線図において，次の問に答えなさい．

(1)　アに示す機器の名称または略称を記入しなさい．

(2)　アに示す機器の機能を記述しなさい．

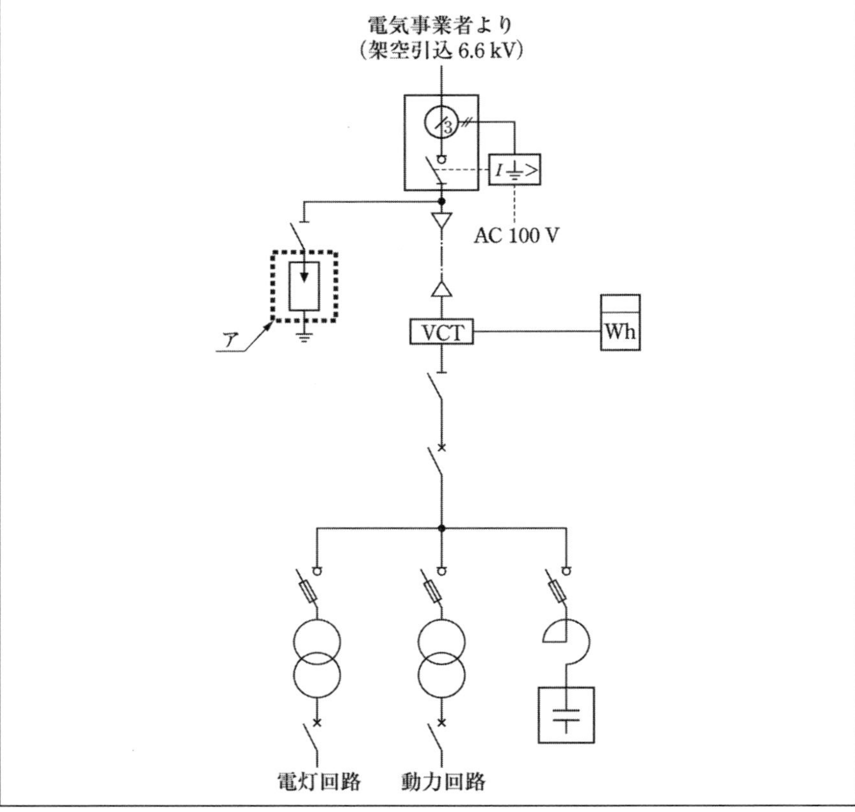

［解答］　(1)　**避雷器（LA）**

※「避雷器」または「LA」でもよい．

(2)　**雷による異常電圧を大地に放電し，高圧機器を保護する．**

問題 2　電気事業者から供給を受ける図に示す高圧受電設備の単線結線図について，次の問に答えなさい．

(1)　アに示す機器の名称または略称を記入しなさい．

(2)　アに示す機器の機能または用途を記述しなさい．

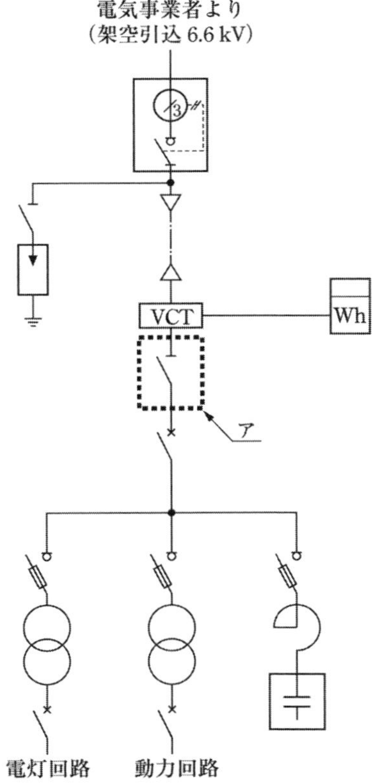

[解答]　(1)　**断路器（DS）**

※　「断路器」または「DS」でもよい．

(2)　**高圧回路の点検，修理などの際に回路を切ることにより作業者の安全を確保する．**

6･3　1. アロー形ネットワーク

基本事項は第 2 章「施工管理」アロー形ネットワーク工程表（138 ページ）を参照のこと.

●最早開始時刻（EST）の決め方

EST とは，次の作業が最も早く開始できる時刻のこと.

図のようなネットワークの場合，EST はイベント番号の上に記入する.

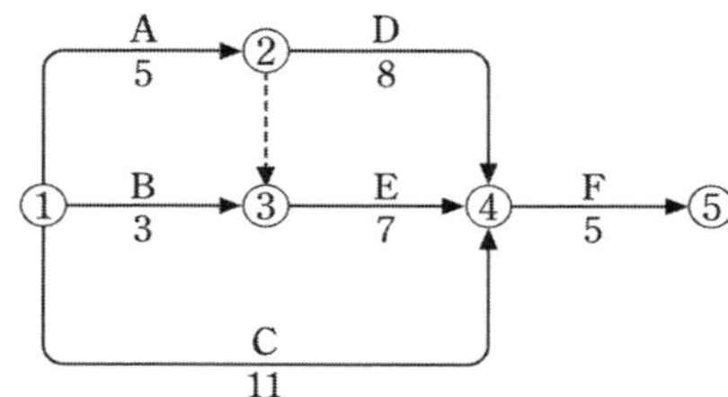

（手順）

- スタートは 0 なので，①の上に 0 を記入する.
- A 作業は 5 日かかるので，②の上に 5 を記入する.
- ③へは，①→③と②→③（①→②→③）の 2 通りあり，それぞれについて日数を計算する.

  ①→③は 3 日，②→③はダミーで 0 だが，③に移るには①→②→③の日数を必要とするので，5 日かかる．5>3 で，大きい方の数を記入.

  （3 日では①→②の作業が終わらず，次の作業に移ることができない）
- ④については，流入する矢印が 3 本あり，②→④，③→④，①→④のそれぞれについて考える.

  ②→④は　5＋8＝13

  ③→④は　5＋7＝12

  ①→④は　　　11

  従って，④の上に 13 を記入.
- ⑤については，入る矢印が 1 本で，13＋5＝18 を記入.

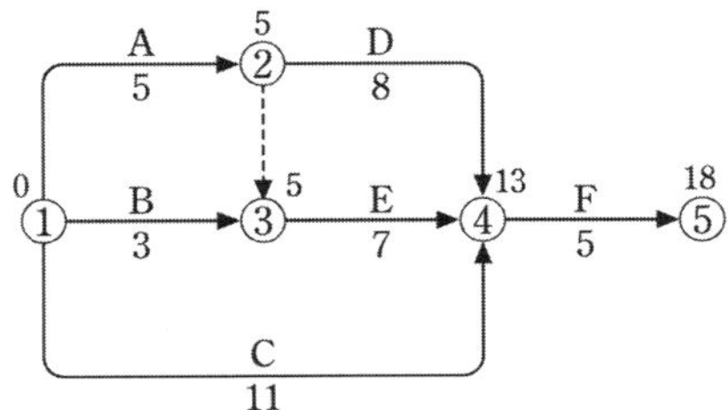

18がこの工程の所要日数である．クリティカルパスは①→②→④→⑤．

ESTを求めるとき，採用したルートに○印を付け，それをつないでいったものがクリティカルパスである．

Point　ESTは，イベントに流入する矢印が複数あるとき，最も大きい数とする．

Super　エステは大入り
EST　大きい数　入る矢印

問題 1　図に示すアロー形ネットワーク工程表について，次の問に答えなさい．

ただし，○内の数字はイベント番号，アルファベットは作業名，日数は所要日数を示す．

(1)　所要工期は，何日か．

(2)　イベント⑧の最早開始時刻は，何日か．

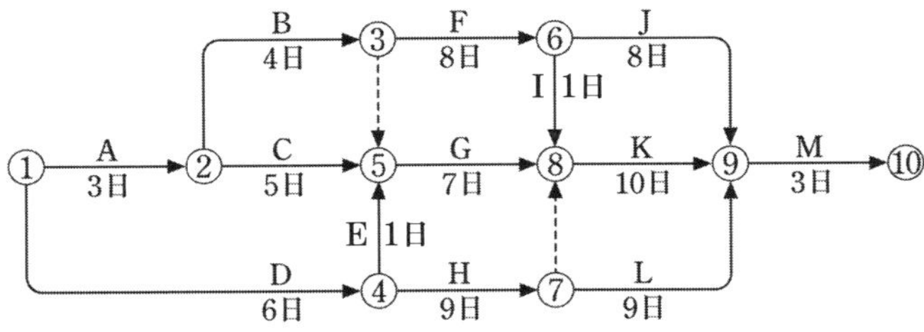

［考え方］　最早開始時刻（EST）は図のようになる．

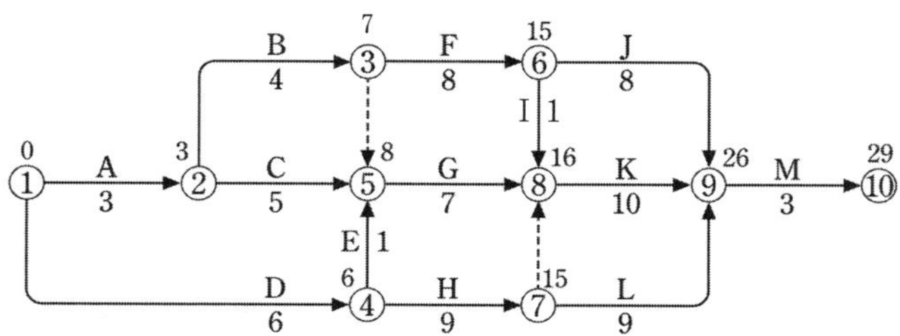

［解答］　(1)　**29 日**　　　　(2)　**16 日**

問題 2　図に示すアロー形ネットワーク工程表について，次の問に答えなさい．

ただし，○内の数字はイベント番号，アルファベットは作業名，日数は所要日数を示す．

(1)　クリティカルパスを，①→…・→⑧→⑨のようにイベント番号順で記入しなさい．

(2)　作業 H の所要日数が 8 日から 5 日になった場合，所要工期は何日か．

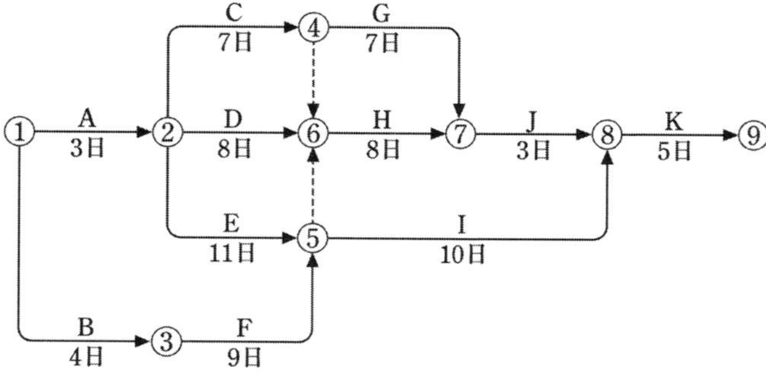

［考え方］　最早開始時刻（EST）は図のようになる．

作業名（アルファベット）を丸で囲んだものがクリティカルパスを表す．

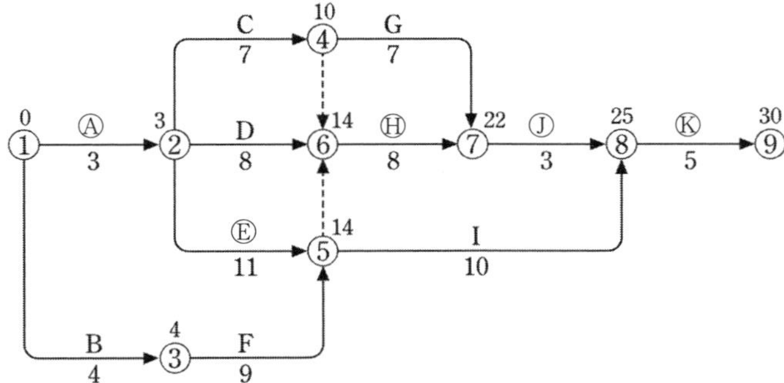

作業 H が 8 日から 5 日になると，下図のようになり，⑦の最早開始時刻が 19 日となる．

⑧は 24 日で⑨は 29 日となる．

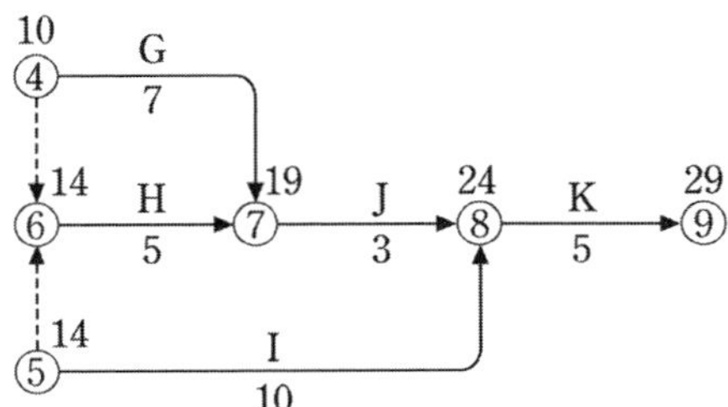

[解答]　(1)　①→②→⑤→⑥→⑦→⑧→⑨　　　(2)　**29 日**

6・4　1. 建設業法

(1) 目　的

この法律は，建設業を営む者の資質の向上，建設工事の請負契約の適正化等を図ることによって，建設工事の適正な施工を確保し，発注者を保護するとともに，建設業の健全な発達を促進し，もって公共の福祉の増進に寄与することを目的とする．

※　アンダーラインを施した部分は，過去に出題されているなど，重要なキーワードである．

Point　発注者を保護するのであって，請負者ではない．

(2) 建設業者等の責務

建設業者は，建設工事の担い手の育成及び確保その他の施工技術の確保に努めなければならない．

建設工事に従事する者は，建設工事を適正に実施するために必要な知識及び技術又は技能の向上に努めなければならない．

(3) 元請負人の義務

① 元請負人は，その請け負った建設工事を施工するために必要な工程の細目，作業方法その他元請負人において定めるべき事項を定めようとするときは，あらかじめ，下請負人の意見を聞かなければならない．

Point　あらかじめ，下請負人の意見を聞くのであって，発注者，注文者，設計者の意見ではない．

「下請負人」であり，「下請」ではない．

② 元請負人は，前払金の支払を受けたときは，下請負人に対して，資材の購入，労働者の募集その他建設工事の着手に必要な費用を前払金とし

て支払うよう適切な配慮をしなければならない.

Point 工事の着手に必要な費用であって，完成に必要な費用ではない.

(4) 見積書の提示

建設業者は，建設工事の注文者から請求があったときは，請負契約が成立するまでの間に，建設工事の見積書を提示しなければならない.

Point 注文者からの請求であり，設計者からの請求ではない．請負契約の成立前に提示する.

(5) 技術者の職務

主任技術者および監理技術者は，工事現場における建設工事を適正に実施するため，当該建設工事の施工計画の作成，工程管理，品質管理その他の技術上の管理および当該建設工事の施工に従事する者の技術上の指導監督の職務を誠実に行わなければならない.

Point 建設現場には，主任技術者か監理技術者のいずれかを配置する．どちらも職務は同じである．配置要件については 162 ページ参照.

(6) 検 査

元請負人は，下請負人からその請け負った建設工事が完成した旨の通知を受けたときは，当該通知を受けた日から 20 日以内で，かつ，できる限り短い期間内に，その完成を確認するための検査を完了しなければならない.

Point 完成を確認するための調査や試験ではなく，検査を完了しなければならない.

6・4　2. 労働安全衛生法

(1)　労働災害の防止

事業者は，単にこの法律で定める労働災害の防止のための最低基準を守るだけでなく，快適な職場環境の実現と労働条件の改善を通じて職場における労働者の安全と健康を確保するようにしなければならない．

また，事業者は，国が実施する労働災害の防止に関する施策に協力するようにしなければならない．

Point　労働災害の防止であり，公衆災害（第三者災害）ではない．

(2)　健康管理

事業者は，政令で定める規模の事業場ごとに，厚生労働省令で定めるところにより，医師のうちから産業医を選任し，その者に労働者の健康管理その他の厚生労働省令で定める事項を行わせなければならない．

Point　労働者の健康管理であり，安全管理ではない．

(3)　教　育

① 事業者は，労働者を雇い入れたときは，当該労働者に対し，厚生労働省令で定めるところにより，その従事する業務に関する安全または衛生のための教育を行わなければならない．

Point　安全または衛生のための教育であり，実習ではない．

② 事業者は，クレーンの運転その他の業務で，政令で定めるものについては，都道府県労働局長の当該業務に係る免許を受けた者または都道府県労働局長の登録を受けた者が行う当該業務に係る技能講習を終了した者その他厚生労働省令で定める資格を有する者でなければ，当該業務に

就かせてはならない.

Point 荷の吊り上げ荷重の大小により，資格の種類が異なる.

③ 事業者は，高圧室内作業その他の労働災害を防止するための管理を必要とする作業で，政令で定めるものについては，都道府県労働局長の免許を受けた者または都道府県労働局長の登録を受けた者が行う技能講習を修了した者のうちから，厚生労働省令で定めるところにより，当該作業の区分に応じて，作業主任者を選任し，その者に当該作業に従事する労働者の指揮その他の厚生労働省令で定める事項を行わせなければならない.

Point 作業主任者の種類により，免許か技能講習のいずれかの資格が必要となる.

資格の難易度は，①免許，②技能講習，③特別の教育である. 作業主任者となるには，③は不可.

(4) 物体の投下

事業者は，高さが3m以上の高所から物体を投下するときは，適当な投下設備を設け，監視人を置く等労働者の危険を防止するための措置を講じなければならない.

Point 投下設備だけでなく，監視人を置くなども必要である.

6・4　3. 電気工事士法

(1) 目　的

この法律は，電気工事の作業に従事する者の資格および義務を定め，もって電気工事の欠陥による災害の発生の防止に寄与することを目的とする．

(2) 免　状

第一種電気工事士免状は，次の各号の一に該当する者でなければ，その交付を受けることができない．

一　第一種電気工事士試験に合格し，かつ，経済産業省令で定める電気に関する工事に関し経済産業省令で定める実務の経験を有する者

二　経済産業省令で定めるところにより，前号に掲げる者と同等以上の知識および技能を有していると都道府県知事が認定した者

(3) 講　習

第一種電気工事士は，経済産業省令で定めるやむを得ない事由がある場合を除き，第一種電気工事士免状の交付を受けた日から５年以内に，経済産業省令で定めるところにより，経済産業大臣の指定する者が行う自家用電気工作物の保安に関する講習を受けなければならない．当該講習を受けた日以降についても，同様とする．

Point　第一種電気工事士は，免状交付後，自家用電気工作物の保安に関する講習を，５年ごとに受ける．

(4) 電気工事の従事

① この法律において「電気工事」とは，一般用電気工作物または自家用電気工作物を設置し，または変更する工事をいう．ただし，政令で定める軽微な工事を除く．

② 自家用電気工作物に係る電気工事のうち経済産業省令で定める特殊なものについては，当該特殊電気工事に係る特種電気工事資格者認定証の

交付を受けている者でなければ，その作業（自家用電気工作物の保安上支障がないと認められる作業であって，経済産業省令で定めるものを除く．）に従事してはならない．

③ 自家用電気工作物に係る電気工事のうち経済産業省令で定める簡易なものについては，認定電気工事従事者資格者証の交付を受けている者が，その作業に従事することができる．

Point 簡易なものとは，自家用電気工作物における低圧部分であり，この部分の工事は第二種電気工事士ではできない．認定電気工事従事者資格者証が必要．

問題 電気工事士に関する次の記述の［　　］に当てはまる語句として，「電気工事士法」上定められているものはそれぞれどれか．

「第一種電気工事士は，経済産業省令で定めるやむを得ない事由がある場合を除き，第一種電気工事士免状の交付を受けた日から［ ア ］に，経済産業省令で定めるところにより，経済産業大臣の指定する者が行う自家用電気工作物の保安に関する［ イ ］を受けなければならない．」

ア ① 2年以内 ② 3年以内 ③ 4年以内 ④ 5年以内

イ ① 講習 ② 研修 ③ 登録 ④ 免許

［解説］ 第一種電気工事士は，経済産業省令で定めるやむを得ない事由がある場合を除き，第一種電気工事士免状の交付を受けた日から5年以内に，経済産業省令で定めるところにより，経済産業大臣の指定する者が行う自家用電気工作物の保安に関する講習を受けなければならない．当該講習を受けた日以降についても，同様とする．（電気工事士法第4条の3）

［解答］ ア：④ イ：①

〈著者略歴〉
関 根 康 明（せきね　やすあき）
1951年，埼玉県川越市生まれ．電気通信大学卒業．その後，学校，集合住宅，事務所ビル等の設計や監理，高等技術専門校指導員等を経て，一級建築士事務所SEEDO（SEkine Engineering Design Office）を設立．現在はSEEDO代表として，出前講座，資格取得支援業務等を行っている．
SEEDOホームページ　seedo.jp
〈主な著書〉
すらすら解ける！1級電気工事施工合格問題集―学科＋実地試験対応―（2015）
すらすら解ける！2級電気工事施工合格問題集―学科＋実地試験対応―（2015）
以上オーム社
スーパー暗記法 合格マニュアル 1級電気工事施工管理技士（2000）
スーパー暗記法 合格マニュアル 2級電気工事施工管理技士（2018）
以上日本理工出版会
〈資　格〉
1級電気工事施工管理技士／1級管工事施工管理技士／1級建築施工管理技士
1級建築士／建築設備士

スーパー暗記法 合格マニュアル
2級電気工事施工管理技士

2022年9月20日　第1版第1刷発行
2024年5月10日　第1版第2刷発行

著　者　関 根 康 明
発行者　村 上 和 夫
発行所　株式会社 オーム社
郵便番号　101-8460
東京都千代田区神田錦町3-1
電話　03(3233)0641(代表)
URL　https://www.ohmsha.co.jp/

印刷・製本　三秀舎
ISBN978-4-274-22911-4　Printed in Japan

マンガでわかる
物理
［光・音・波 編］
新田 英雄／著
深森 あき／作画
トレンド・プロ／制作
MUWS
OHM
Ohmsha

マンガでわかる
電気数学
田中 賢一／著
松下 マイ／作画
オフィスsawa／制作
V
ωt
OHM
Ohmsha

マンガでわかる
電 気
V
藤瀧 和弘／著
マツダ／作画
トレンド・プロ／制作
A
Ω
OHM
Ohmsha